战略性新兴领域"十四五"高等教育系列教材

MBD 数字化制造

主　编　花海燕　徐宇衔

副主编　陈剑雄　刘利鑫

参　编　韦铁平　谢　钰　黄丽红　黄煜华　王成鑫

机械工业出版社

本书以MBD数字化制造为核心，分5章阐述MBD数字化制造技术，包括MBD技术发展及其应用、基于模型的定义技术、基于模型的机加工工艺设计技术、基于模型的协同工艺设计技术和基于模型的装配工艺设计仿真技术。书中通过理论与实践案例相结合的方式，由浅入深地阐述了MBD基本理论和工程中典型机械零件MBD模型的构建方法，突出工程实用性，力图使读者更好地了解MBD技术及其应用。

本书既可作为智能制造工程、机械设计制造及其自动化等机械类专业学生的教材，也可作为相关工程技术人员的参考用书。本书配有数字课程资源，可为教师提供数字化课件的制作资源，还精选了典型零件作为学生课后实践的实例，以培养学生运用理论知识解决工程问题的能力。

图书在版编目（CIP）数据

MBD数字化制造 / 花海燕，徐宇衔主编. –– 北京：机械工业出版社，2024. 12. –– (战略性新兴领域"十四五"高等教育系列教材). –– ISBN 978-7-111-77120-3

Ⅰ. TP391.72

中国国家版本馆 CIP 数据核字第 2024VN2304 号

机械工业出版社（北京市百万庄大街22号　邮政编码100037）
策划编辑：余　皞　　　　　　责任编辑：余　皞　章承林
责任校对：薄萌钰　李　婷　　　封面设计：严娅萍
责任印制：李　昂
北京捷迅佳彩印刷有限公司印刷
2024年12月第1版第1次印刷
184mm×260mm · 10印张 · 239千字
标准书号：ISBN 978-7-111-77120-3
定价：39.80 元

电话服务　　　　　　　　　　网络服务
客服电话：010-88361066　　机 工 官 网：www.cmpbook.com
　　　　　010-88379833　　机 工 官 博：weibo.com/cmp1952
　　　　　010-68326294　　金 书 网：www.golden-book.com
封底无防伪标均为盗版　　　　机工教育服务网：www.cmpedu.com

＃ 前　言

　　智能制造是实现我国制造业由大变强的核心技术和主线，既是制造强国建设的主攻方向，也是推进新型工业化的重要任务。本书的编写以国家《"十四五"智能制造发展规划》《加快数字人才培育支撑数字经济发展行动方案（2024—2026 年）》为指导思想，紧贴数字产业化和产业数字化发展需要，突出新知识、新技术的应用，注重对学生实践创新能力的培养。

　　当前，越来越多的企业正在陆续告别二维纸质工程图和文档，转而利用基于模型的定义（Model Based Definition，MBD）技术，以推动制造业的数字化转型。MBD 技术通过集成表达产品的设计、加工、装配等产品全生命周期各环节的信息，打破了设计制造壁垒，推进了设计制造一体化的实现。以 MBD 技术为核心的数字化制造模式是产品设计制造的必然发展趋势，开启了全三维数字化制造发展的新路径。

　　本书由校企合作共同编写，第 1~3 章由福建理工大学花海燕、韦铁平、黄丽红负责编写，第 4 章和第 5 章由福州大学陈剑雄、谢钰、黄煜华、王成鑫负责编写，全书工程实例由福建群峰机械有限公司徐宇衔、刘利鑫与福建理工大学的花海燕、韦铁平、黄丽红共同制作与编写。

　　MBD 技术是一种全新的产品数字化定义技术，发展历程短，在工程实践中的应用还在不断地探索中。由于编者水平所限，书中难免存在疏漏和不足之处，恳请读者批评指正。

编　者

目 录

知识图谱

教学大纲

第 1 章

MBD 技术发展及其应用

PPT 课件

1.1 MBD 技术起源与发展

MBD（Model Based Definition，基于模型的定义）技术，是一种用集成的三维模型来完整表达产品信息的技术，在设计、工艺、制造、检验、销售、维修等全生命周期中的每个阶段被赋予相关数据，这些数据分类管理、继承和共享，使 MBD 模型成为产品全生命周期的唯一信息载体。MBD 技术充分利用三维模型直观、可视化的特点，将产品全生命周期过程中所需的几何信息和非几何信息，以注释或属性的方式附加到三维模型中，为设计人员摆脱繁重的二维制图工作提供了可能，也提高了数据交互的准确性和时效性。

1.1.1 产品数字化定义的发展阶段

产品的定义最早通过手工绘制二维图样来实现，以二维图样表达产品的几何形状、尺寸、公差和其他制造信息。随着计算机技术的发展，产品数字化定义技术开始发展。数字化定义是实现大规模工业化生产的必然产物，产品数字化定义的发展大致可分为三个阶段：

（1）第一阶段：基于二维图样的产品数字化定义　计算机辅助设计（Computer Aided Design，CAD）技术的发展，以计算机绘图替代手工绘图，在节省人力及提高工作效率方面具有明显优势。采用二维设计图样表达产品的几何信息和标注信息，工艺、制造设备及检测等信息，需要通过二维工艺卡或者其他相关文档独立表达；生产设计人员和制造人员依照二维图样及相关文档进行工作。

（2）第二阶段：三维设计和二维图样相结合的产品数字化定义　随着 CAD 技术的发展，逐步形成了三维模型和二维工程图共同表达的局面。设计者已经不局限于用二维图来表达产品的几何信息，用三维软件建立几何实体模型实现更直观的表达。然而，对于加工工艺信息和检测工艺信息，仍采用二维设计图样与文档相结合的方式。这种三维设计和二维生产相结合的模式，在设计和生产阶段不能做到单一数据来源，设计模型一旦发生信息变化，后续的加工、装配、检测等环节的数据信息无法同步更新。

（3）第三阶段：基于 MBD 的全三维数字化定义　随着 MBD 技术的发展，三维数字化变革已逐步从设计领域扩展至工艺规划、加工制造、质量检测等多个环节。所谓基于

MBD 的全三维数字化制造，即是在产品生产的整个生命周期，包括设计、工艺规划、工装设计、加工、装配以及检测等各个阶段，以统一的三维模型为载体，集中表达产品制造过程信息。当设计模型上的特征更改时，其相应的加工、装配、检测等工序的模型信息也随之同步更改。MBD 技术的推广应用，标志着"无纸化"制造时代的到来，它不仅使加工工艺、装配工艺、检测工艺等信息表达更加直观，同时也达到提高产品研制效率、保障产品质量的目的。

1.1.2 MBD 技术的发展应用与优势

MBD 技术应用不断拓展，不仅可以表达产品的几何信息，还可以表达产品相关工艺规划、加工制造、质量检测等非几何信息。作为产品制造的唯一数据源，设计、工艺、制造、检测等各个部门通过数字化协同平台直接进行相关数据交流，实现了从上游到下游数据的统一性。产品数据管理模式不断演变，基于 MBD 模型的初步应用逐步发展到基于 MBD 模型的设计工艺协同、工艺仿真管理；基于 MBD 模型的现场可视化逐步发展到基于 MBD 模型的制造，即无纸化制造。

MBD 数字化制造技术率先在航空制造业中得到应用。航空制造业领域中，大型飞机的研制是一项周期长、工程任务艰巨、协作面广且管理极为困难的工程，MBD 数字化制造技术对飞机数字化生产的实现具有重大意义。波音公司要求全球合作伙伴采用 MBD 模型作为整个飞机产品制造过程中的唯一依据。该技术将三维制造信息 PMI（3D Product Manufacturing Information）与三维设计信息共同定义到产品的三维数字化模型中，使产品加工、装配、测量、检验等实现高度集成，数字化技术的应用有了新的跨越式发展。

当前，我国的大飞机设计和制造也正逐步实施和应用 MBD 技术，这必然对飞机的生产发展带来实质性的变革。MBD 技术在制造业中的应用，为制造业的发展带来许多优势，具体体现在设计、制造、检测等多个方面。

（1）增强信息一致性，提高设计制造的效率 MBD 数据模型以三维模型为核心，集成了完整的产品数字化定义信息，打通设计与制造的桥梁，实现了设计、加工工艺、装配工艺、检测工艺等数据源的统一，降低因数据理解不一致导致的出错。在设计、加工、装配、检测等各环节，所有技术人员可从 MBD 模型中获取相应的产品信息，有效地保证了数据源在产品设计制造中的唯一性，提高了产品设计制造的效率。

（2）实现设计制造管理无纸化 应用 MBD 技术建立的三维信息模型，结合产品数据管理系统，把三维信息模型传递到生产现场，完全实现了产品信息的数字化存储。技术人员通过统一平台指导工人开展工作，无须再查看大量的图样和其他技术资料，而是通过平台实现数字化管理。

（3）增强产品数据可追溯性，支持产品定制化，实现产品快速迭代 MBD 技术的使用，技术人员不仅更加直观地观察到产品从上一步到下一步的变化，所有的设计变更和制造指令都记录在数字化定义中，这使得产品的可追溯性大大增强。设计变更可以迅速地反映在三维模型中，快速生成产品的不同变体，支持定制化生产，有利于促进产品的快速迭代。

（4）三维工艺仿真，直观反映产品情况，提高正确性 工艺仿真是判断工艺是否合理的一个重要手段。应用 MBD 技术建立的三维 MBD 工序模型和装配模型，可以直接进行加工和装配的工序仿真甚至是工步仿真，从而提前避免错误，提高工艺设计的准确率，确保仿真的正确性和高效性。

（5）促进并行工作的开展，缩短产品全生命周期　产品生产制造流程一般分为产品设计、工艺规划、工装设计、产品制造及产品检验阶段。在传统模式中，产品生产制造的各个阶段工作是以串行模式进行的。MBD 技术使产品生产制造的各阶段工作可以并行进行，允许在产品设计阶段就开始进行制造规划和检测规划，在统一的平台和数据载体控制下，便于各部门协同工作，减少工作的返工量，提高设计效率和产品的可制造性，缩短产品研制周期的同时又提高了工作效率。

1.2　MBD 技术内涵

MBD 是制造领域一种全新的产品定义技术，MBD 技术将产品生命周期所涵盖的工程信息集成定义到产品的三维数据模型中。MBD 模型表达了产品的几何信息以及尺寸、公差、工艺信息等非几何信息，成为生产制造过程中的唯一依据。MBD 模型根据其在生产加工的不同阶段分为了 MBD 零件模型、MBD 加工工序模型、MBD 装配工艺模型和 MBD 检测工艺模型等。

（1）MBD 零件模型　MBD 零件模型是指用直观的三维实体描述产品零件的几何形状信息，并以三维标注等文字符号表达零件的尺寸、公差、属性等其他相关的工程数据信息。三维软件允许工程师使用参数化方法来构建模型，使得设计迭代和修改更加容易。零件模型是 MBD 数字化制造过程中的关键组成部分，是构建更复杂装配模型、进行后续工程分析的基础。

（2）MBD 加工工序模型　MBD 加工工序模型是在三维实体模型中集成的工艺信息，它将传统的机加工二维工艺卡片所表达的每道工序或工步的信息，以对应的三维模型形式表达。MBD 工序模型表达了从毛坯模型经 N 道工序加工成成品的过程中所对应的加工工艺信息；每一道加工工序对应一个工序模型，当经过 N 道加工工序后，工序模型就附加了所有加工工序信息。每一道工序也可以进一步细化，制定工步模型。

（3）MBD 装配工艺模型　MBD 装配工艺模型是在 MBD 产品发放后，经过数据接口导入到软件的装配功能模块或数字化协同应用平台中，工艺人员依据装配工艺模板，通过人机交互方式进行装配工艺规划与仿真，最后汇总为各类装配工艺数据集，并将其储存的数字化方法表达。建立装配工艺模型的主要工作是由工艺人员直接依据产品模型完成工艺方案的制订、装配单元的划分、装配顺序的设计及详细工艺信息的输入，并产生产品、工艺、资源数据集，该过程也可称为可视化装配工艺规划过程。

（4）MBD 检测工艺模型　MBD 检测工艺模型是在 MBD 模型设计、制造信息的基础上，增加的对检测规划的信息集，包括对应检测对象的检测工序信息、检测工序、检测位置、检测路径、检测要求等信息。

随着 MBD 技术的发展，面向产品全生命周期的数字化设计制造集成系统，将逐渐取代单一功能的系统，集成化的系统将贯穿运用于产品设计、工艺设计和生产制造过程，甚至扩展到维修保障等产品全生命周期各环节中。MBD 技术以三维模型作为唯一的信息载体，促进专业化的建模与仿真工具将深入发展，采用建模和仿真技术对产品整个生命周期的信息进行精确、全面的定义，利用模型来定义、执行、控制产品设计和制造及维护等全部技术和业务流程。与传统的二维图样标注相比，MBD 技术实现了三维标注与三维模型结合于一体，可以直接进行仿真分析、工艺设计、公差分析、数字化检测等应用，真正实现数字化制造。MBD 技术所实现的数据源的统一，还减少了数据在传递过程中出现错误的可能，企业的各个部门以及整个供应链在三维环境中进行交流，可对市场需求做出快速的反应，同时下游部门可对产品 MBD 模型中的数据重复使用，减少大量重复输入的人工时间，从而缩短了产品的研发和制造周期。

1.3　基于 MBD 的数字化技术应用框架体系

1.3.1　基于 MBD 的数字化制造体系总体框架

基于 MBD 的数字化制造技术是一种真正实现全三维数字化的设计制造技术，其体系总体框架一般可包含 MBD 标准规范、基于 MBD 的系统平台和 MBD 数据应用。图 1-1 是基于 MBD 的数字化制造体系总体框架范例。

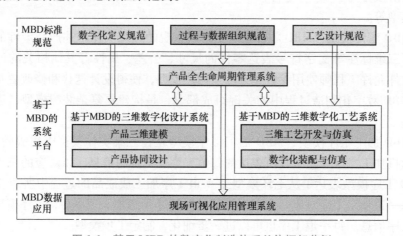

图 1-1　基于 MBD 的数字化制造体系总体框架范例

（1）MBD 标准规范　MBD 标准规范通常有数字化定义规范、过程与数据组织规范和工艺设计规范。

1）数字化定义规范：主要包括全三维数字化定义所涉及的各种规范，例如：产品数字化定义规范、工装数字化定义规范以及产品协同设计中的数字化协调规范等。

2）过程与数据组织规范：主要包括产品开发过程的组织规范和产品全生命周期各种数据的组织规范。

3）工艺设计规范：主要包括加工工艺设计、工艺装备设计、装配工艺设计等所涉及的各种规范。

（2）基于 MBD 的系统平台　基于 MBD 的系统平台由基于 MBD 的三维数字化设计系统、基于 MBD 的三维数字化工艺系统和产品全生命周期管理系统等组成。

1）基于 MBD 的三维数字化设计系统。在体系框架中，该系统包括产品三维建模系统和产品协同设计系统。产品三维建模系统是最基本的系统，根据 MBD 数字化定义规范，采用该系统进行数字化产品定义；产品协同设计系统用于复杂产品的并行设计。

2）基于 MBD 的三维数字化工艺系统。在体系框架中，该系统包括三维工艺开发与仿真系统、数字化装配与仿真系统。三维工艺开发与仿真系统根据三维数字化模型，进行三维工装设计、三维加工工艺设计和加工工艺仿真。面向产品制造的指令性工艺文件、管理性工艺文件以及生产性工艺文件等，也基于 MBD 模型以全新的模式表达。数字化仿真与装配系统，依据数字化装配工艺流程，建立三维数字化装配工艺模型，通过数字化虚拟装配环境对装配工艺过程进行数字化模拟仿真，验证装配工艺的合理性，确认装配工艺操作过程合理、准确无误后再进行实物装配工艺发放。

3）产品全生命周期管理系统（Product Lifecycle Management，PLM）。根据产品开发规范和数据组织规范，所有产品工程设计、工艺设计、工装设计等开发过程及其产生的工程数据、工艺数据、工装数据通过 PLM 系统实现全生命周期管理。

（3）MBD 数据应用　MBD 数据应用通常是通过开发现场可视化应用管理系统，使得生产者能够运用该系统调取产品全生命周期中的 MBD 数据信息，实现三维工艺查询、仿真动画播放、产品工装数据链接等功能。

图 1-2 所示为 MBD 三维数字化制造集成系统应用实例。整个系统由平台层、资源层、服务层、技术层、系统层和业务层组成，每一层还包括了多个子模块或系统。

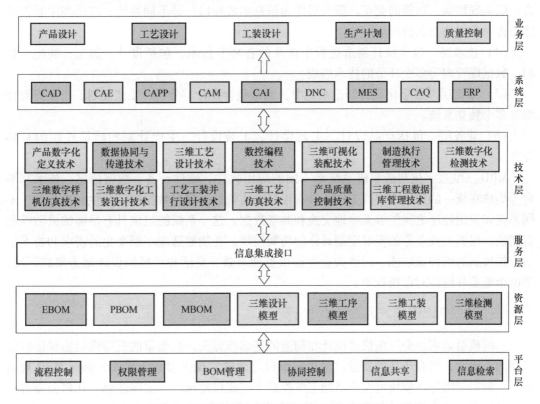

图 1-2　MBD 三维数字化制造集成系统应用实例

（1）平台层　系统平台层是实现三维数字化设计制造数据协同管理的平台，实现流程控制、权限管理、物料清单（BOM）管理、协同控制、信息共享和信息检索等功能。

（2）资源层 产品设计制造过程涉及大量的资源信息，包括设计制造各阶段产生的数据和模型等重要资源。

1）EBOM（设计物料清单）：是设计部门产生的数据，产品设计人员根据设计要求进行产品设计，生成包括产品名称、结构、明细表、汇总表、产品使用说明书、装箱清单等信息。EBOM 是工艺、制造等后续部门的其他应用系统所需产品数据的基础。

2）PBOM（计划物料清单）：是工艺设计部门以 EBOM 中的数据为依据，制订工艺计划、工序信息、生成计划 BOM 的数据。计划 BOM 是由普通物料清单组成的，只用于产品的预测，尤其用于预测不同的产品组合而成的产品系列。当存在通用件时，可以把各个通用件定义为普通型 BOM，然后由各组件组装成某个产品，这样各组件可以先按预测计划进行生产，下达的 PBOM 产品可以很快进行组装，满足市场要求。

3）MBOM（制造物料清单）：是制造部门根据已经生成的 PBOM，对工艺装配步骤进行详细设计后得到的，主要描述产品的装配顺序、工时定额、材料定额以及相关的设备、刀具、卡具和模具等工装信息。

4）三维模型资源：包括产品设计制造过程中的各种模型，如三维设计模型、三维工序模型、三维工装模型、三维检测模型等。

（3）服务层 在集成的系统中，通常由多个独立的系统或组件通过一定的方式进行整合，以实现数据、功能的交互。服务层作为信息集成接口，是不同系统、应用程序和设备之间传递数据信息的桥梁。

（4）技术层 包含设计制造过程中涉及的各环节技术，包括设计、加工、装配、检测、数据库管理等多个环节的技术组成。

（5）系统层 数字化设计制造系统中，通常包含设计、分析、工艺规划、企业资源计划等多个独立系统。

（6）业务层 包括产品设计、工艺设计、工装设计、生产计划和质量控制的具体业务。

MBD 三维数字化制造集成系统将不同的应用软件、硬件设备、数据信息、技术和平台等集成在统一的架构中协同工作，具有很好的协调性，确保数据的一致性和准确性，不同系统和应用程序之间能够无缝地交换和共享数据。这一系统的组成具有足够的灵活性和定制性，根据企业业务的需要定制具体的功能模块，并能够适应不断变化的需求和技术发展，扩展新的组件或功能，能够为企业提供更加高效、灵活和可靠的设计制造集成环境，帮助企业更好地应对市场竞争。

1.3.2 基于 MBD 的产品数字化设计

三维模型是实现全三维快速设计和制造的基础和源头，高质量的三维模型能保证后续工序的正确性，提高产品的质量。采用三维设计软件实现全参数化建模，根据 MBD 规范标准，利用三维标注模块可在产品的三维模型上完成尺寸标注、文字注释、几何公差等产品信息定义。三维模型的模型数据以及产品和制造信息（Product and Manufacturing Information，PMI）数据的合规性和可制造性，是三维设计的关键。

在进行三维设计时，确保模型数据和 PMI 数据的准确性和一致性对于后续的制造过程至关重要。通过对三维模型进行质量检查，可以及时发现和纠正设计中的问题，提高模型的质量和可制造性，从而减少制造成本和周期，提高产品质量和生产率。三维模型质量的合规性检查包括以下几个方面：

1）建模合规性：检查三维模型是否符合建模标准和规范。

2）装配合规性：检查三维模型在不同部件之间的装配关系是否正确，如配合间隙、运动干涉等。

3）几何对象合规性：检查三维模型中的几何对象是否满足设计要求和制造工艺要求，如孔的尺寸、倒角、起模斜度等，保证了模型在制造过程中的可加工性。

4）文件结构合规性：检查三维模型的文件结构是否符合相关标准，如文件格式、命名规范、属性信息等。文件结构合规性保证了模型在不同软件和系统之间的兼容性和可交换性。

基于 MBD 的三维数字化设计系统框架见图 1-3 所示，其通常包括应用层、功能层和资源层三个部分。

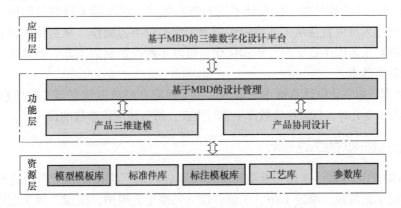

图 1-3 基于 **MBD** 的三维数字化设计系统框架

（1）应用层 应用层是实现用户与系统进行交互，满足用户需求的模块。应用层应满足三维建模、协同设计、资源共享、数据连续传递的要求，能支撑整个数字化设计过程协同和流程管控，并包含与数字化制造、管理等平台的接口。

（2）功能层 功能层包括基于 MBD 的设计管理、产品三维建模和产品协同设计三个功能模块。

1）基于 MBD 的设计管理模块。基于 MBD 的设计管理模块通常用于实现产品设计计划管理、产品设计数据管理、产品设计质量管理等功能。

2）产品三维建模模块。产品三维建模模块通过三维建模技术，直观表达产品的几何形状、尺寸和空间位置关系，将抽象的设计思路转化为直观的三维模型，使得用户能直观审视和评估设计方案的合理性，及早调整设计阶段存在的问题，避免后期的返工和成本增加。

3）产品协同设计模块。产品协同设计模块主要用于复杂机械产品的并行设计，协调零件之间连接处的几何特征关系，有效缩短产品设计周期，提高产品设计的合理性。

（3）资源层 基于 MBD 的三维数字化设计系统所包含的资源层，主要用于存储产品研发过程中大量的资源以供重复利用，主要包括：

1）模型模板库。模型模板库是一个集成了多种三维模型组件和结构的资源库，用于存储 MBD 三维参数化模型以供系列化产品生产使用，它为设计人员提供了一个快速设计和迭代的基础。通过使用模型模板库中的预定义组件，可避免从头开始创建每个零件，设计师通过重用模型模板库中的组件，大大加快了设计周期。模型模板库中的组件都是基于标准化的设计原则创建的，有助于保持设计的一致性，减少设计错误。

2）标准件库。数字化设计系统的标准件库是一个存储各种标准化零部件的资源库。标准件库中的零部件都是符合国际或行业标准的设计，使用标准件可确保设计的一致性和标准化，设计人员可以直接从标准件库中调用现成的零部件，可大大缩短设计周期。

3）标注模板库。标注模板库是数字化设计系统中用于存储和管理各种三维标注样式的资源库，通常包括尺寸、公差、符号、注释及其他相关信息，它们遵循特定的工业或国际标准。通过使用标准的标注模板，可以确保所有设计文档的标注风格和格式一致，提高文档的专业性和可读性。设计师直接从标注模板库中调用预定义的标注样式，可减少错误，提高三维标注的效率。

4）工艺库。工艺库是数字化设计系统的核心组成，它存储了制造过程中所需的各种工艺操作，设计人员可直接从工艺库中调用预先定义的工艺操作，从而提高设计的准确性和效率。通过对工艺库中数据的分析和优化，可以不断改进制造工艺，提高生产率和产品质量，降低制造成本。

5）参数库。数字化设计系统中的参数库用于存储产品数据信息与关联信息的资源库。当设计参数需要变更时，只需在参数库中进行更新，所有使用该参数的设计都会自动变更。

1.3.3　基于 MBD 的工艺设计

基于 MBD 的工艺设计是在三维数字化环境下，利用三维模型设计信息进行结构化工艺设计，制定工艺规程，确定工序、工位，建立三维工艺模型，生成三维工艺图解及加工仿真动画等工艺文件。基于 MBD 的工艺设计分阶段进行，各阶段制定相应内容。

（1）工艺规程设计阶段　以产品设计阶段提供的数据为源头，在数字化工艺制造体系下，依据工艺结构树制定工艺总体方案，规划工艺路线，合理划分加工各单元相互间的加工次序和单元内的加工路径；提取工艺信息，生成工序模型。

（2）工艺审核阶段　验证产品结构、功能以及加工方案的合理性审核和工艺完整性审核，将信息反馈到产品设计阶段。

（3）工装设计阶段　依据三维工艺模型及加工方案进行合理的工装设计，将工装资源集成到工艺资源中。

（4）工艺编制阶段　建立产品、工艺及资源的三维工艺数据模型，编制数字化三维工艺文件。

三维工序建模是数字化工艺设计的关键环节。中间工序模型（又称工序模型），是指产品从毛坯到成品的过程中，零件中间加工过程对应的模型形态，表征了零件在生产制造过程中各工序的演变。根据工艺路线，结合三维工序模型创建规则，可以实现中间工序模型的创建。中间工序模型与工艺路线编排的数据能够自动衔接，实现三维工序自动生成和动态重构，三维工艺信息的组织、表达和管理，动态展示整个产品加工过程，并能够自动校核产品工艺设计的完整性。基于 MBD 的中间工序模型实现了工艺过程的三维化、工艺规程的可视化。

图 1-4 是三维工艺设计流程参考范例，包括导入三维设计模型及工序清单，提取特征尺寸、加工参数、刀具等信息，参数化生成刀具模型，识别产品加工信息，工序模型动态重构，工艺信息组织与表达，三维工序模型建立，毛坯模型与刀具模型关联，工艺完整性审核，加工过程仿真动画，工艺文件输出等。

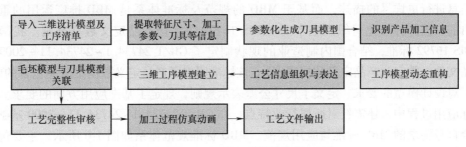

图 1-4　三维工艺设计流程

1.3.4　基于 MBD 的制造

传统的制造是指将原材料加工成产品的过程，对产品的设计以 3D 模型表达产品特征，再转化为二维工程图；工作人员根据二维工程图进行工艺分析，并进行工艺设计；对加工过程进行数控编程与工艺仿真，并生产工艺报表和二维工艺规程，指导产品加工。随着时代的发展，制造的定义更加广泛，是产品形成过程的一系列活动的总称。指导生产现场工作人员加工制造产品的不再是二维图样，而是工艺图解、工艺动画和三维工艺指令等三维工艺文件，工作人员更多的是依靠现代化的生产现场系统通过网络接收工艺仿真动画等工艺数据的发布，并在车间数字化制造终端完成车间无纸化生产的工作。利用数字化制造技术，工作人员在生产制造端查看产品制造的工艺图解过程，并接收工艺数据模型，采集产品加工制造中所需各类操作工艺数据，进行产品的数字化生产。传统制造与全三维数字化制造的对比如图 1-5 所示。

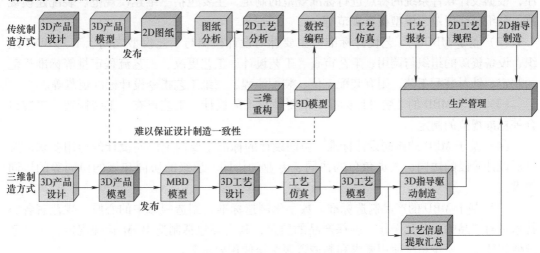

图 1-5　传统制造与全三维数字化制造的对比

1.3.5 基于 MBD 的产品数字化设计与管理标准体系

随着产品三维设计的普及和软件功能的完善,各大制造业企业在设计、工艺、制造各环节也产生了基于 MBD 的迫切需求。由于三维环境下产品模型是立体的,实体与实体的关联表达更为复杂,MBD 要求对修订、注释、部件表、测试要求、材料说明、工艺等非几何信息进行更详尽的描述,而基于 MBD 的规范及标准体系是 MBD 推广运用的重要支撑。目前,国际标准化组织制定了 ISO/DIS 16792 数字化产品定义数据准则。我国参照 ISO/DIS 16792 标准,结合国内制造业的现状制定了 GB/T 24734. 1~24734. 11—2009《技术产品文件 数字化产品定义数据通则》。该标准明确了产品定义数据集所应包含的内容、规范了对设计模型的要求、定义了尺寸公差表示规则,规定了基准应用方面的要求。企业在实际应用过程中,还需针对所属行业特点,在 GB/T 24734. 1~24734. 11—2009 基础上制订符合自身要求的 MBD 标准与应用规范。MBD 标准规范体系如图 1-6 所示,主要包含基于 MBD 的产品设计标准、工艺设计标准、工装设计标准、协同设计标准、产品制造标准、产品仿真标准、产品检测标准以及数据管理标准等。

图 1-6 MBD 标准规范体系

(1) 基于 MBD 的产品设计标准 主要针对产品设计模型、数字样机、属性、三维标注,根据设计软件系统的特点进行标准规范的制定,主要包括三维建模规范、装配建模规范、三维标注规范、模型检查规范等。

(2) 基于 MBD 的工艺设计标准 主要针对设计模型与工艺模型之间、工艺 BOM 组织、设备资源的组织与调用、工艺审查、工艺设计、工艺更改、工艺流程审批等标准规范的制定。针对装配工艺,则有装配工位、装配流程、三维工艺指令设计标准规范等。

(3) 基于 MBD 的工装设计标准 主要针对工装设计、工艺审查、工装制造、工装组合等标准规范的制定。

(4) 基于 MBD 的协同设计标准 协同设计的标准主要制定协同设计的通用要求以及针对设计阶段的协同、人员角色的协同、专业的协同、层级的协同和域的协同等的协同要求。

(5) 基于 MBD 的产品制造标准 数字化制造标准是制造领域中的心脏,规范着各类技术员对产品的规范化操作,确保产品的质量,其主要包括制造 BOM 管理规定、生产系统使用要求、质量系统使用要求和制造资源系统使用要求等。

(6) 基于 MBD 的产品仿真标准 产品仿真主要针对加工过程仿真、焊接过程仿真、钣金成形过程仿真、装配过程仿真、机械设备运动仿真、人机过程仿真等标准规范的制定。

(7) 基于 MBD 的产品检测标准　产品检测标准主要针对产品设计特性定义与提取、检验表、检查表单的设计与执行等的标准规范的制定。

(8) 基于 MBD 的数据管理标准　基于 MBD 的数据管理包含设计数据的传递、接收和使用管理；制造数据的设计管理、使用管理和归档管理；生产执行数据的采集与管理等。

MBD 应用标准是实现产品数据集成、交换、共享的前提和基础，是规范和指导 MBD 应用有序开展的技术依据，是打通数字化设计、工艺、制造的技术保障。在 MBD 体系中，数据集以三维模型为核心，集成了完整的产品数字化定义信息，它包含设计、工艺、制造、检验等各部门的信息，在数据管理系统和研制管理体系的控制下，参与研制的人员共同在一个未完成的产品模型上协同工作，因此需对设计、工艺、仿真、工装、制造、检测以及协同各个环节制定 MBD 标准规范。建立符合要求的 MBD 的标准化体系，以提高设计、工艺、分析验证以及制造当中使用三维模型的正确性，建立起满足要求的三维数字化样机，并进行三维数字化装配，为后续的应用打下良好的基础。MBD 标准与规范体系是 MBD 平台的基础，是实现三维数字化产品定义的前提，是形成三维数字化制造技术体系的有力保障。MBD 标准规范的建立将确保数据的规范创建以及数据能在下游有效的使用，上游数据修改也将快速地影响到下游的数据改变。

1.4　基于 MBD 的数字化制造技术解决方案

1.4.1　应用实例 1：基于 TC/UG 的数字化技术解决方案

Teamcenter 是西门子（SIEMENS）公司为制造企业提供的实施产品设计与制造工艺管理的完整解决方案，是应用最广泛的 PLM 系统，其具有可扩展性、可配置性及应用丰富的特点。其旨在建立一个三维的、基于模型的、高效的数字化协同产品设计与工艺设计的管理环境。借助于产品结构设计、工艺分工、基于三维的工艺设计、工艺变更、工艺文件管理等功能，全面而有效地管理产品制造所需的设计 BOM、工艺 BOM、工艺结构、工装设备等相关数据。以结构化及三维可视化的形式完成产品结构设计与工艺规划工作，贯通设计、工艺部门与生产车间之间的业务流与数据流，成为设计端的 CAD/PDM 系统和生产端的 ERP/MES 系统之间的桥梁和纽带，从而实现企业的产品全生命周期和全数字化管理，进一步提高企业的工作效率、生产效益和产品质量。Teamcenter 工程协同功能，结合产品数据管理功能和 3D 浏览及数字模装解决方案，营造了一个协同的工作环境。工程团队成员能够紧密集成并无缝地访问来自多个异构的 CAD 系统产生的设计数据，并将多 CAD 系统数据同工程说明书、文档和需求定义等其他类型的数据信息组合在一起，关联在一个产品结构中，应用于产品生命周期中。Teamcenter 制造协同，支持广义企业在一个统一的环境中进行各种产品加工前期的工艺设计，为建立和管理产品、工艺、车间和资源信息提供了一个集成的环境。

基于 TC/UG 的数字化管理解决方案是以产品、工艺、工厂和资源关联数据模型为核心，对数字模型进行集中管理、协同和互操作，同时保证数据的一致、有效和重用。基于产品、工艺、工厂和资源的关联数据模型保证了快速、准确且安全地存取制造信息，同时可对产品结构、制造工艺进行可视化分析和优化，使生产企业各个部门和工作岗位之间的信息流动得以彻底实现。在吸收传统产品、工艺设计方式优点的基础上，充分发挥产品、工艺信息从产生、接收、维护、发送到再运用的组合功效，满足不同使用者对产品、工艺信息和数据的共享、共用，为从根本上实现产品全生命周期内数字化设计、数字化制造、数字化检测和数字化装配提供了有效方式。

在 MBD 技术条件下，企业设计部门通过三维 NX 设计软件用 MBD 方式表达设计结构信息，而工艺部门接收这些 MBD 数据模型后，在三维 NX/CAM 软件中开展三维工艺设计仿真，并通过基于 TC/UG 的数字化管理平台总体框架对所有的数据与过程进行全面管理，保证从产品设计到工艺规划再到产品制造过程的密切相关性和数据流、信息流的传承与统一。在以 TCPLM 解决方案为核心构建形成的基于 TC/UG 的三维数字化产品数字化管理平台总体架构中，在三维数字化设计与管理的基础上，考虑并解决了设计与工艺数据之间的继承。通过与 ERP、MES 的集成，使制造 BOM 信息、工艺路线等各种工艺数据传递到生产管理部门，成为开展生产管理过程的依据，从而实现了产品设计、工艺设计、工装设计到车间现场生产执行的全流程信息化管理，提高了产品研发协同、工艺制造协同和工装设计协同的效率，实现了企业产品三维数字化设计与制造的全生命周期管理。

1.4.2 应用实例 2：基于 3D EXPERIENCE 的数字化技术解决方案

工艺作为连接研发业务与生产制造的纽带，在企业实施数字化转型战略的过程中，占有举足轻重的地位。据调查估算，企业产品开发全生命周期 40%~60% 的时间集中于生产准备阶段，即工艺设计、资源准备和产品试制阶段，基于 MBD 的数字化工艺赋能企业制造转型。

3D EXPERIENCE 平台提供基于统一产品模型的 MBOM 设计环境，其为基于模型的制造数据主线，可直接从 3D 设计中定义、管理、重构和更新 MBOM。图 1-7 所示为三维可视化 MBOM 编制，主要特点包括：基于三维装配单元划分 MBOM 结构，数据直观；可视化、交互式 MBOM 重构，支持基于模型消耗式分配物料，避免零部件错分、漏分，提高 BOM 编制效率和质量；EBOM 与 MBOM 保持关联关系，支持数据追溯；提供多种工具检查 EBOM 与 MBOM 状态，产品设计、工艺设计在同一平台中分析工程变更带来的影响。

3D EXPERIENCE 平台支持用户在可视化环境中基于图形的交互式工艺规划定义。系统支持基于模型开展工艺路线定义、工作中心定义、物料分配、工时定义、资源规划、产线平衡、工艺流程虚拟验证等工作，基于三维可视化布局创建工位、工序及其串并联关系，更加直观、高效；系统支持甘特图、工艺规划结构树、三维工艺布局数据同步，多角度查看工艺路线；系统支持基于工艺流程定义资源规划，在虚拟环境中建立工艺设计与工厂资源的关联，支撑面向产线的流程仿真。基于 3D EXPERIENCE 平台完成工艺编制后，工艺数据可直接应用于工艺验证和产品可制造性检查，从而在工艺设计与生产准备之间形成良性迭代与优化。

三维工艺的发展，为构建三维虚拟工厂奠定了基础，同时也是实现数字孪生、智能工厂的数字基础。基于 3D EXPERIENCE 平台，三维虚拟工厂可无缝承接工艺设计数据，实现基于虚拟环境的生产仿真、验证和优化，缩短物理样机和生产试制周期，减少更改和返工，大幅度提高生产率和质量。

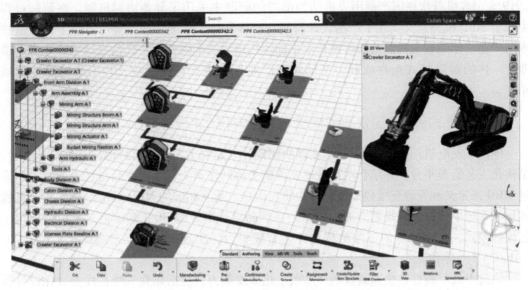

图 1-7　三维可视化 MBOM 编制

　　3D EXPERIENCE 平台可直接使用 MBOM、工艺规划等工艺编制数据，基于三维场景无缝编制作业指导书。基于三维虚拟工厂，工艺员身临其境的操作工厂内任何三维数据，结合三维标注、装配仿真、人机工程等功能，真正实现对工人有价值、规范化的指导。3D EXPERIENCE 平台作为企业级业务协同平台，涵盖了产品、设计、数据、流程、管理、企业、人员组织等企业运营的各个层面。基于 3D EXPERIENCE 平台，工艺员在完成工艺编制后，可直接基于数字化流程发起在线工艺审签或工艺更改；在数字化流程中，基于数据驱动，每个人各司其职，共同协作完成工艺业务流程。

1.4.3　应用实例 3：MBD 技术推动 C919 大型客机制造产业的加速

　　C919 大型客机是我国首次按照国际通行适航标准自行研制、具有自主知识产权的喷气式干线客机，于 2017 年首飞，如图 1-8 所示。

图 1-8　C919 大型客机

C919 大型客机研制成功，标志着我国具备自主研制世界一流大型客机能力，是我国大飞机事业发展的重要里程碑，将成为带动我国航空产业、高端制造业发展的"新引擎"。C919 大型客机首次在国产商用飞机结构部段的研制中采用了异地协同机制，在研制过程中基于 MBD 模型定义实现了产品设计与制造高度并行、广域协同，实现了数字化制造技术的应用。伴随着飞机制造的智能化水平加速推进，一个融合新一代信息技术、先进制造业于一体的制造模式正在崛起，带动航空产业创新生态加快形成，并不断向其他领域拓展。

1.4.4　应用实例 4：国内某发电机厂基于 MBD 实现协同设计

国内某发电机厂采用 MBD 技术实现协同设计，建立了在线协同跨部门基础设计平台、结构化工艺管理平台，并结合项目管理完善整个协同作业流程。在产品设计方面，主要通过 MBD 来定义和管理三维模型所包含的研发信息，建立相应的 MBD 标准，然后协同流程固化到系统中；在工艺规划方面，主要是在产品设计形成的 BOM 基础上，采用结构化工艺设计模式，搭建统一的三维结构化工艺管理平台，实现研发与工艺协同，实现 CAD/CAE/CAM 一体化。

该发电机厂将打造快速高效的产品数字化研发能力，包括建立三维在线参数化设计验证体系，加快产品研发速度；通过建立数字化设计流程及数据模型，实现数据共享和高效协同，搭建基础协同设计平台和共享数据库，实现设计数据管理、零件分类管理，设计变更管理。在此过程中，该发电机厂对设计流程进行了重组，改变传统的组织模式和业务流程，有效缩短了设计周期、提高了设计质量。

1.5　思考题

1. 阐述产品数字化定义的发展阶段。
2. 阐述 MBD 的定义和内涵。
3. 阐述 MBD 技术的优点。
4. 阐述 MBD 技术应用框架体系的组成。
5. MBD 技术对复杂产品的制造具有什么样的优势，又将带来什么样的影响？
6. EBOM、PBOM、MBOM 分别是什么？
7. 比较传统制造与全三维数字化制造的特点。

科学家科学史
"两弹一星"功勋科
学家：最长的一天

基于模型的定义技术

2.1 MBD 模型定义方法

2.1.1 MBD 模型定义方法概述

MBD 是一种用集成的三维实体模型来完整表达产品定义信息的技术，也是一种方法体，它详细规定了三维实体模型中产品尺寸、公差的标注规则和工艺信息的表达方法。MBD 建立的产品三维实体模型如图 2-1 所示。MBD 将产品信息中的几何形状信息与尺寸、公差、工艺信息通过一个完整的三维实体模型来表达，改变了传统由三维实体模型来描述几何形状信息，而用二维工程图来定义尺寸、公差和工艺信息的分步产品数字化定义方法。同时，MBD 使三维实体模型作为生产制造过程的唯一依据，改变了传统以工程图为主要制造依据，而三维实体模型仅为辅助参考依据的制造方法。MBD 在 2003 年被 ASME（美国机械工程师学会）批准为机械产品工程模型的定义标准，是一个以三维实体模型作为唯一制造依据的标准体。

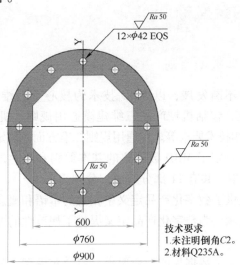

图 2-1 MBD 建立的产品三维实体模型

2.1.2　基于 MBD 的设计

在进行产品设计时，设计部门根据产品的需求清单进行概念设计、初步方案设计、详细设计以及创建三维模型。为了将制造过程的三维模型定义为整个产品生命周期的唯一基础，设计人员根据给定的标准将完整的产品制造信息集成到三维模型中，形成基于 MBD 技术的设计模型。MBD 设计模型是面向三维数字原型的特征，它包括零件模型和装配模型。MBD 设计模型主要由三部分组成，即设计模型、三维注释和属性。具体来说，它包括零件的几何元素、零件的尺寸和公差、零件结构树的几何定义、零件结构树的注释定义、关键特征的注释、产品信息的描述性定义和装配定义。设计人员在创建三维模型时应遵循 MBD 技术的相关标准，在三维模型中集成制造信息以实现完整的 MBD 定义。为了确保设计产品的标准实现，三维模型通常应包括以下设计信息：产品的模型数据、规范的图层设置、指定参考集、模型视图的定义、完善的注释以及其他几何信息。通过这种方式，企业还可以存储、共享和归档整个生命周期的产品信息。单一的数据源不仅提高了数据的可重用性，也避免了信息在各个工业部门传递中出现的错误和差异。

2.1.3　基于 MBD 的制造

MBD 制造工艺模型代表了一个用于执行制造过程工艺规划的信息模型。设计部门完成的 MBD 设计模型代表了产品的三维定义，符合功能要求。它仅包含每个零件的最终几何模型和加工要求，没有考虑零件制造的中间状态。但是，产品制造的程序通常是分阶段组成的，每个加工阶段必须定义相应的信息，以确保最终的产品质量。同时，为了能够在工艺规划的阶段中进行夹紧和定位，可能需要改变原始设计的模型。因此，MBD 设计模型无法直接指导生产工程和规划。需要在 MBD 设计模型的基础上创建用于定义产品加工的 MBD 过程模型。MBD 过程模型包括过程准备、工具路径创建、NC（数控）代码生成和后处理数据添加。

2.2　基于模型的定义标准

2.2.1　数字化产品定义数据通则

随着制造业信息化的不断发展，以 MBD 技术为核心全三维产品设计，推出了面向 MBD 的三维图样构建标准，包括机械产品三维建模通用规则、机械产品数字样机通用要求、机械产品虚拟装配通用技术要求等。在通用规则标准方面，制定了《技术产品文件　数字化产品定义数据通则》，规定了 MBD 数据集的基本原则和表达形式，如图 2-2 所示。在数字化产品定义数据通则中，共有 11 部分组成，分别为：

（1）术语和定义　提供了数字化产品定义中相关的术语和概念。

（2）数据集识别与控制　为数字化产品定义提供了规范性的要求，如相关数据及其管理、数据集的识别等。

（3）数据集要求　定义了数据集的一般要求，以及对模型、数据管理、模型绘图等方面的要求。MBD 数据集是数据的集合，其包含几何信息和非几何信息。MBD 技术以集成的三维数字化模型作为唯一制造的依据，为实现贯穿于产品全生命周期的三维数字化制造技术打下基础。产品模型中的几何形状、尺寸公差等特征是产品的核心和基础，数据信息通过 MBD 数据集来表达。

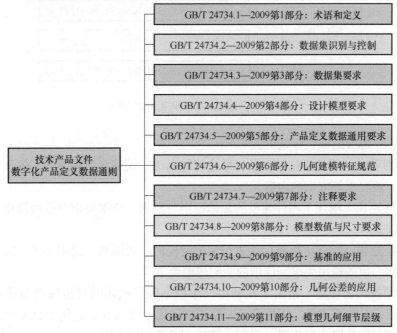

图 2-2　数字化产品定义数据通则

（4）设计模型要求　给出了设计模型需严格按照 1：1 比例建模，以及三维设计模型的完整性、精度等方面的要求。

（5）产品定义数据通用要求　对产品定义数据在相关性、属性、标注平面、几何公差、查询、轴测图等方面进行了规定。

（6）几何建模特征规范　对三维 CAD 应用中的术语和定义、几何建模特征进行分类。

（7）注释要求　提供了模型的要求和图样中注释符号等通用要求。如通用注释和特殊注释同时表达时，标注面应不随模型的旋转而发生变化；每一个标记的注释都应赋予唯一的标识符与之相对应等。

（8）模型数值与尺寸要求　提供了查询模型值、圆整尺寸、基本尺寸等要求，模型中显示的尺寸应为圆整尺寸，应满足精度的要求。

（9）基准的应用　定义了产品数字定义时与模型相关的基准标识符及相关信息的原则，并提供了与模型坐标系相关的基准元素的要求。

（10）几何公差的应用　定义了在产品数字化定义过程中应用几何公差的要求，包括对几何公差的放置、标记和显示的要求。

（11）模型几何细节层级　定义产品数字化定义过程中三维模型的标准、简化和扩展的表示。

2.2.2　机械产品三维建模通用规则

全国技术产品文件标准化技术委员会已经制定了相应的国家标准 GB/T 26099.1～

26099.4—2010《机械产品三维建模通用规则》，其基本组成如图 2-3 所示。

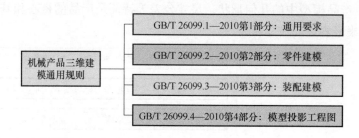

图 2-3   机械产品三维建模通用规则

该标准由 4 部分组成，分别为：

（1）通用要求   阐述了机械产品三维建模的术语、模型分类和组成、模型文件的命名原则、建模一般要求等方面的内容。

（2）零件建模   阐述了零件建模的总体原则与要求、详细要求及模型简化、检查、发布与实施要求。

（3）装配建模   阐述了机械产品进行装配建模的一般原则、通用要求、定义装配层级原则、装配体约束的通用要求、详细的装配建模要求等。

（4）模型投影工程图   给出了在利用三维模型投影技术时对机械产品或零件一般要求、详细要求、基本要求等。机械产品三维建模通用规则的发布适用于机械产品在三维建模过程中对于三维数字模型构建、应用、管理、发展与研发中。

2.2.3   机械产品数字样机通用要求

GB/T 26100—2010《机械产品数字样机通用要求》是 2010 年颁布的一项标准，在机械产品数字样机的构建和应用中发挥了极大的作用，如图 2-4 所示。

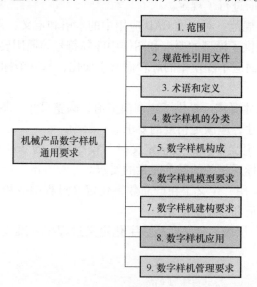

图 2-4   机械产品数字样机通用要求

（1）范围　标准规定了数字样机的分类、构成、模型要求、建构要求、应用及管理要求。适用于机械产品数字样机的构建、应用和管理。

（2）规范性引用文件　在标准中，引用了《技术产品文件　数字化产品定义数据通则》和《机械产品三维建模通用规则》两个标准的相关内容。

（3）术语和定义　给出了机械产品的数字样机的明确定义，阐述了数字样机是对机械产品整机或具有独立功能的子系统的数字化描述，其包含产品的几何属性、功能和性能。数字样机可应用于产品的全生命周期，包括：工程设计、制造、装配、检验、销售、使用、售后、回收等环节；数字样机在功能上可实现产品干涉检查、运动分析、性能模拟、加工制造模拟、培训宣传和维修规划等方面。数字样机包含整机、子系统样机、方案样机、详细样机、生产样机、几何样机、功能样机、性能样机和专用样机。

（4）数字样机的分类　对数字样机可以按研制阶段、使用目的和数据格式三种方式分类。

（5）数字样机构成　数字样机包括几何信息、约束信息、工程属性三部分。

（6）数字样机模型要求　数字样机模型是对机械产品系统的数字化描述，主要包含下述特点：

1）数字样机是物理样机在计算机中的数字化描述，物理样机是数字样机的物质化产物，两者具有映射关系，根据产品对象特点以及应用场合对数字样机模型进行必要的简化也是允许的。

2）数字样机模型应具有稳定性、完备性，应能提供产品全生命周期所需信息表达。

3）数字样机应能够反映物理样机的几何属性、功能特点和性能特性。

4）数字样机模型的形式可以是多样的，但内容必须真实反映产品特性。

5）数字样机模型应具备可派生性，应能根据不同应用生成不同的应用模型。

（7）数字样机建构要求　数字样机的建构按照研制流程一般可按照方案样机、详细样机、生产样机的设计流程进行自顶向下的逐层建构、逐步细化。按照从总体到子系统再到细节设计的顺序进行数字样机的设计。设计过程如下：①明确产品的功能需求；②确定产品实现原理与实现途径；③确定产品的总布局；④划分各子系统所占空间，并确定各子系统间的接口尺寸和形式；⑤部件设计；⑥划分零件所占空间；⑦零件设计。除了总体要求以外，本标准中对于每一类样机，都规定了建构要求。

（8）数字样机应用　机械产品数字样机作为企业的重要工程数据，应能够为产品的研发、生产、销售等多个环节提供相应的支持。

1）研发阶段：在产品研发阶段，数字样机模型应能够支持总体设计、结构设计、工艺设计等的协同设计工作，能够支持项目团队的并行产品开发；数字样机在研发阶段用于空间结构分析、重量特性分析、运动分析和人机工效分析。

2）生产阶段：用于装配分析和工艺性评估。

3）销售阶段：主要用于产品宣传、产品培训、产品投标等。

（9）数字样机管理要求　数字样机的管理要求包括数据管理、状态管理、数字样机评审等方面要求。

2.2.4 行业应用规范与标准

在行业企业，常根据自身需求和特点制定相应的标准和规范。波音公司在具体实践中根据自身的特点制定了三维应用系列规范，其中包含基于模型的定义构建总则以及各类零件基于模型的定义，如图 2-5 所示。

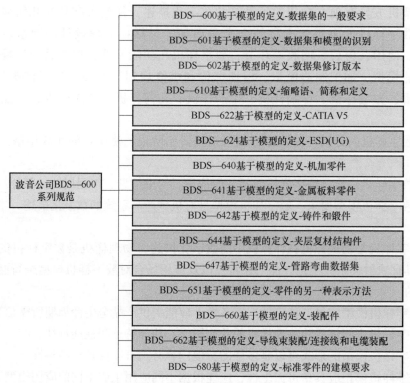

图 2-5 波音公司制定的规范

我国航空、航天、兵器等行业为满足本行业的发展相继制定了符合本行业的应用规范，如图 2-6 所示。随着 MBD 技术的深入发展与应用，三维数字化设计水平以及规范过程方面还将持续发展。

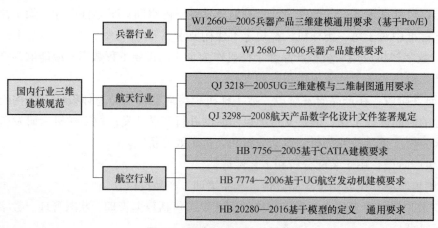

图 2-6 国内行业制定的规范

2.3　三维 MBD 数据集的组织定义

2.3.1　MBD 数据集的基本组成

　　MBD 数据集是集成产品几何形状、尺寸公差以及工程注释等信息的三维模型。MBD 通用标准 GB/T 24734.1~24734.11—2009《技术产品文件　数字化产品定义数据通则》和 GB/T 26099.1~26099.4—2010《机械产品三维建模通用规则》，是三维建模和三维标注重要的标准支撑。

　　MBD 数据模型通过图形和文字表达的方式，直接地或通过引用间接地揭示一个物料项的物理和功能需求。MBD 数据集基本构成如图 2-7 所示，它分为 MBD 零件模型与 MBD 装配模型两部分。MBD 零件模型由以简单几何元素构成的、用图形方式表达的设计模型和以文字符号方式表达的标注、属性数据组成。MBD 装配模型则由一系列 MBD 零件模型组成的装配零件列表加上以文字符号方式表达的标注和属性数据组成。零件设计模型以三维方式描述了产品几何形状信息；属性数据表达了产品的原材料规范、分析数据、测试需求等产品内置信息；而标注数据包含了产品尺寸与公差范围、制造工艺和精度要求等生产必需的工艺约束信息。

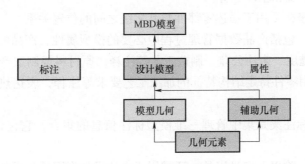

图 2-7　MBD 数据集基本构成

　　(1) MBD 模型　基于模型的定义中，模型包含标注、设计模型以及属性。
　　(2) 标注　尺寸、公差、注释等三维标注信息。
　　(3) 设计模型　包含辅助几何与模型几何。
　　(4) 属性　对产品完善描述的必要内容，如零件编号、名称等。
　　(5) 模型几何　产品的几何外形。
　　(6) 辅助几何　建立产品几何外形时所用到的点、线、面等几何元素。
　　(7) 几何元素　点、线、面等。

　　将 MBD 技术应用于机械制造领域时，MBD 数据集可进一步细化，组织表达零件 MBD 数据集以及装配 MBD 数据集等。

2.3.2　零件 MBD 数据集的构成

　　零件 MBD 数据集可分解为几何信息和非几何信息，几何模型可进一步分解为实体模型、基准特征、坐标系，非几何信息进一步分解为工程注释、标注集、其他信息等。各类数据信息可逐层分解，如图 2-8 所示。

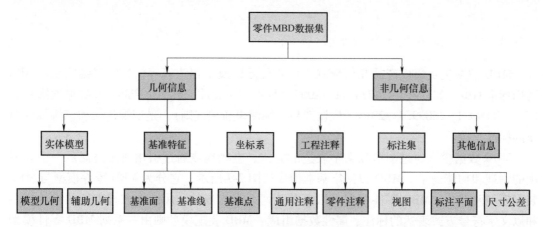

图 2-8　零件 MBD 数据集的构成

（1）实体模型　实体模型用于描述产品的几何形状特征，通常包括模型几何和辅助几何。

（2）基准特征　基准特征指零件几何建模的参照特征，用于辅助 3D 特征的创建，一般包括基准面、基准线和基准点等。

（3）坐标系　坐标系用于描述零部件与其父级之间的位置关系。

（4）工程注释　包括产品数据管理过程中必要的模型属性，产品的通用注释，零件制造所需要的表面粗糙度、未注公差、制造工艺等注释，原材料或制造产品所使用的材料牌号等注释，用于说明零件特定结构特征的加工工艺要求等注释，表达热处理、表面处理的注释等。

（5）标注集　标注集是集中管理三维模型标注信息的集合，它包含视图、标注平面、尺寸公差等信息。

（6）其他信息　除以上定义以外，还需用于表达设计意图等需求的其他信息，其表达内容与表达方式由设计人员自行决定。

2.3.3　装配 MBD 数据集的构成

装配 MBD 数据集由多个零部件 MBD 数据集以及表达装配件非几何信息的装配信息模型组成。装配 MBD 数据集的构成如图 2-9 所示。

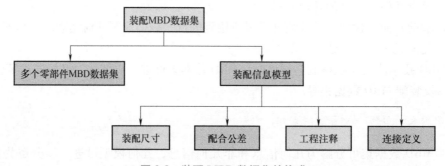

图 2-9　装配 MBD 数据集的构成

装配信息模型是表达装配件装配尺寸、配合公差、工程注释以及零部件之间的连接定义等非几何信息。其中，工程注释的内容与零件 MBD 数据集类似，并且每一个装配件里都包含各自的装配信息模型。

2.4　MBD 模型几何信息表达

2.4.1　几何特征表达的一般方法与标准

几何模型的构建包括零件模型与装配模型。随着三维建模软件的发展以及 MBD 技术的提出和应用，现有商用三维建模软件均提供成熟的三维几何模型构建功能及其相关的非几何信息标注功能。传统的三维建模，其主要任务是通过三维实体表达设计者的设计意图，使其以直观的模型形态呈现，如图 2-10 所示。然而，在 MBD 技术应用中，几何模型的构建应遵循相关标准要求。

图 2-10　几何特征的一般表达

几何模型的构建是全三维产品图样的核心，其他各种相关工程信息均依附于模型之上。按照 GB/T 24734.1~24734.11—2009《技术产品文件　数字化产品定义数据通则》的要求，产品几何模型（包括零件模型和装配模型）必须严格按照 1∶1 比例建模，零件模型必须完整表达全部几何结构信息及其依附于模型上的所有非几何信息，装配模型必须清晰表达所有装配关联关系及其需要依附于装配模型的全部非几何信息。几何模型的构建与后述工程标注、视图表达结合，形成满足 MBD 技术表达需要的全三维产品模型。

MBD 模型表达几何特征，除了呈现零件的三维几何外，还需用于逆向建模生成工序模型和检测模型。为此，根据标准中对零部件的要求，在进行正向建模时，应遵循统一性要求、唯一性要求、可读性要求和可扩展性要求。

（1）统一性要求　所有零部件应遵循统一的标识规定，标识规则可根据企业或行业特点自行拟定，但应有延续性。

（2）唯一性要求　即所有零部件的标识应唯一、排他，以免数据在存储、共享或发布中造成混乱，对于表达全生命周期的零部件信息时，可以在标识中增加阶段性标识、应用场合标识等加以区分。

（3）可读性要求　零部件标识名称可遵守行业或企业约定，提高标识可读性。

（4）可扩展性要求　零部件标识应可扩展，应能根据不同应用增加新信息。

2.4.2　零件建模的要求

（1）机械产品零件建模的基本原则

1）模型的建立及修改应在统一的三维建模软件平台进行。

2）零件的建模，通常先建立模型的主体结构，再建立模型的细节特征。

3）零件模型应包括零件的几何要素、约束要素和工程要素，不可包含与建模无关的元素，也不可允许有冗余元素。

4）构建模型时应使用理论尺寸进行建模。

5）零件模型具有完备的设计信息，不可出现欠约束和过约束的情况。

6）在满足要求的情况下，将零件数量降至最低，尽量简化三维模型，无特殊注明时所有倒圆和倒角均应建模。

（2）机加工零件的建模规范　机加工零件是指机械精密加工去除材料的过程，建模要求如下：

1）在使用自顶向下模式设计零件时，零件尺寸须按照上一级装配的原则。

2）为了提高加工精度以及零件之间的互换性，工艺基准和设计基准应保持统一。

3）零件建模时可以选择在零件环境下进行详细建模再到装配环境下进行装配，也可以在装配环境下利用零件之间的相对位置来进行直接建模。

2.4.3　面向制造的全三维设计模型

面向制造的全三维设计模型，除了表达零件的几何信息集外，还包括其属性集和标注集，其组成如图 2-11 所示。几何信息集包含零件几何体、外部参考、标注几何和辅助几何线架等信息；属性集包括通用注释、零件注释和热表处理注释；标注集包括基准、公差、尺寸、表面粗糙度、注解和视图等信息。

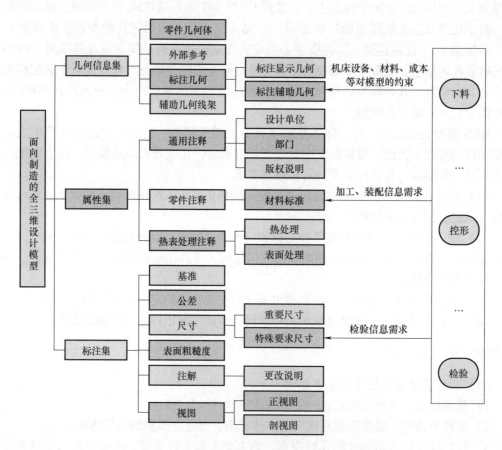

图 2-11　面向制造的全三维设计模型的组成

2.5　MBD 模型非几何信息表达方法

2.5.1　三维标注技术

三维标注技术是 MBD 技术的核心内容，一般意义上讲，MBD 模型三维标注信息包含两方面内容即三维模型的几何信息和非几何信息。三维模型的信息标注使得 MBD 技术所定义的数字化、智能化设计制造成为现实。三维标注技术直观的理解是将传统制造业的二维图样所携带产品的几何拓扑信息、加工信息及属性信息利用三维模型软件标注在三维模型空间内。但是，从根本上讲，MBD 三维标注技术不仅实现了三维模型的设计制造信息的集成，完成产品的数字化定义，顺应了智能化、信息化时代的发展，它还将产品从设计到加工到完成整个产品的全生命周期串联了起来，是真正意义上实现了产品各阶层与各阶段设计、加工人员之间的信息互通。三维标注技术的实现主要分为以下几个步骤：

（1）数据准备　首先需要获取三维模型的数据，可以通过 CAD 软件等工具获取。将三维模型数据导入到标注工具中。

（2）标注类型选择　确定需要标注的信息类型，比如点、线、面、体积等。根据需求选择相应的标注工具。

（3）标注操作　通过标注工具对三维模型进行标注。标注工具可以提供多种标注方式，比如手动标注、自动标注、半自动标注等。

（4）标注结果输出　完成标注后，标注结果可以输出为标注文件或者嵌入到三维模型中。需要注意的是，三维标注技术的实现主要考虑标注的精度、效率可靠性等因素。因此，标注工具的设计和算法优化是关键。同时，标注人员的专业素质和经验也会对标注结果产生影响。

MBD 产品数据模型不仅包含了产品结构几何形状信息，还包括原来定义在二维工程图中的尺寸、公差、一些必要的工艺信息及关于产品定义模型的说明等非几何信息。因此，MBD 需要对这些非几何信息在三维模型中的描述与管理做出详细的规定，并通过合理的方式表达出恰当的意思呈现给使用者。

2.5.2　一般标注信息

在 MBD 产品数据模型中，所有的尺寸、公差、注解、文本或符号均由标注的形式来表示，并通过与模型里的一个或多个特征表面垂直交叉或对齐延长的标注平面表达出来，如图 2-12 所示。图 2-12 中用实线框深色显示的区域就是标注平面。在 MBD 数据集中，由于不再生成二维工程图样，因此 MBD 模型就成为尺寸公差标注的唯一介质。每个关键零件特征的数据信息（如公差、表面精度），应该通过零件说明或通过功能尺寸和标注直接在模型特征上定义，所有应该与唯一的模型元素相关联。产品特征的所有尺寸、公差、工艺处理内容要在模型中保持唯一，无冗余。

1. 尺寸标注

三维模型的标注尺寸可以更清晰、更直观地表达设计者的设计意图，便于读图人员理解、交流与沟通，是三维模型不可或缺的内容。尺寸的标注是否合理直接影响到零件的加工成本及质量。

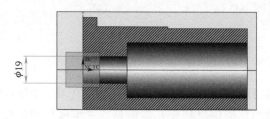

图 2-12   标注平面的位置与表达

尺寸通常由尺寸界限、尺寸线、尺寸线终端以及尺寸文本四部分组成，一般尺寸线与尺寸界线用细实线来表达。用工程语义信息可描述为

$$D = \{E, L, B, T\} \tag{2-1}$$

式中，D 为尺寸标注；E 为尺寸界限；L 为尺寸线；B 为尺寸线终端；T 为尺寸文本。

线性尺寸和角度尺寸统称为尺寸。一般线性尺寸（简称尺寸）指的是两点之间的距离，如长度、宽度、高度、深度、直径和中心距等。按照 GB/T 4458.4—2003《机械制图   尺寸注法》的规定，图样上的尺寸单位为 mm 时，计量单位的符号和名称不需要标注。

角度的尺寸界限标注应沿径向引出；弦长的尺寸界限标注应该平行于该弦的垂直平分线；弧长的尺寸界限标注应该平行于该弧所对圆心角的角平分线。但当弧长相对较大时，可沿径向引出。标注线性尺寸时，尺寸线与所标注的线段应该平行；圆的直径与圆弧半径的尺寸线终端都应标成箭头。

【实例】   如图 2-13 所示，它是利用 NX 中的 PMI 功能对三维 CAD 模型的几何尺寸信息进行了标注。

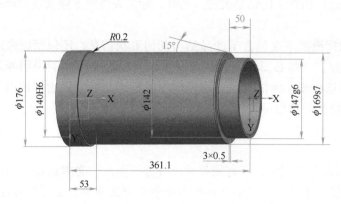

图 2-13   几何尺寸标注实例

2. 表面粗糙度的标注

表面粗糙度的标注符号和标注要求参照标准 GB/T 131—2006《产品几何技术规范（GPS）   技术产品文件中表面结构的表示法》中对其做了具体的规定。参照国家标准，表面结构符号及要求如图 2-14 所示。GPS 图形符号包括允许任何工艺、去除材料、不去除材料三种不同类型；参数指与表面结构相关的参数，如加工余量、加工方法等。

以去除材料的表面粗糙度符号为例，对表面结构的有关参数和说明应注写在图形符号的指定位置，如图 2-15 所示。

图 2-14　表面结构符号及要求　　　　图 2-15　去除材料的表面粗糙度符号说明

（1）a、b　标注表面结构的单一要求；a、b 如果同时存在时，a 注写第一表面结构要求，b 注写第二表面结构要求。

（2）c　标注加工方法，如"车""铣""镀"等加工表面。

（3）d　标注表面纹理和方向，常见的符号有"＝""X""⊥""C"等。

1）"＝"表示纹理与标注代号视图的投影面相互平行。

2）"X"表示纹理呈现两相交的状态。

3）"⊥"表示纹理与标注代号视图的投影面相互垂直。

4）"C"表示纹理呈近似的同心圆。

（4）e　标注加工余量，单位为 mm。

【实例】　图 2-16 所示为利用 NX 的 PMI 功能对三维模型进行表面粗糙度标注。

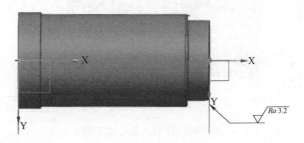

图 2-16　表面粗糙度标注

3. 公差标注

机械零件的重要指标之一就是公差的大小。零件的尺寸、形状和位置的误差影响着机械产品的质量。公差标注类型包括尺寸公差和几何公差两种，见式（2-2）：

$$T = (D_\mathrm{T}, G_\mathrm{T}) \tag{2-2}$$

式中，D_T 为尺寸公差；G_T 为几何公差。

（1）尺寸公差的标注　尺寸公差分为线性尺寸公差和角度尺寸公差，符号具有两个基本要素：标准公差和基本偏差。定义见式（2-3）：

$$D_\mathrm{T} = \{S_\mathrm{T}, B_\mathrm{D}\} \tag{2-3}$$

式中，S_T 为标准公差；B_D 为基本偏差。

【实例】　图 2-17 和图 2-18 所示分别为线性尺寸公差的不同标注形式。

（2）几何公差的标注　几何公差包括形状公差和位置公差。将几何公差符号统一定义为几何特征符号、公差值、指引线和基准四要素。定义见式（2-4）：

$$G_\mathrm{T} = \{G_\mathrm{CS}, T_\mathrm{V}, L_\mathrm{L}, D\} \tag{2-4}$$

式中，G_CS 为几何特征符号；T_V 为公差值；L_L 为指引线；D 为基准。

图 2-17　线性尺寸公差标注形式（一）

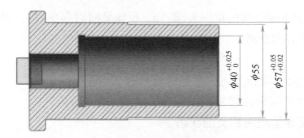

图 2-18　线性尺寸公差标注形式（二）

【实例】　图 2-19 所示为使用 NX 中的 PMI 功能对三维模型的几何公差标注实例。

图 2-19　几何公差标注实例

4. 基准标注

MBD 模型需要有三个互相垂直的参考基准特征平面，基准平面的创建可选择多种参考，如图 2-20 所示。图 2-21 所示为尺寸公差标注时基准平面的标注实例。

图 2-20　基准平面创建

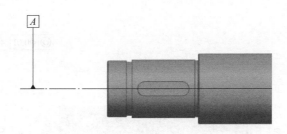

图 2-21　尺寸公差标注时基准平面的标注实例

2.5.3　特殊标注信息

工程图设计时，都是遵循一定的标准进行的，如在工程图恰当的位置上必须标注财产所有权单位、图形建模比例等信息。与之对应，每个 MBD 模型也必须包含类似特殊信息，一般有如下设计信息说明要求：

1）设计模型应按 1∶1 的比例建模，并在合适的标注中说明。

2）设计模型采用的尺寸单位应在模型中注明。

3）设计模型的设计精度要求与整个模型的默认公差值应在模型中注明。

4）完整的模型应包括几何模型、标注与属性信息。当模型是对称件时可只建部分，而螺纹特征可用孔特征代替，但必须在模型中注明。

5）其他需要在标注平面中表达的管理数据有建模标准引用注解、设计活动标识、财产所有权与版权说明、保密性说明等。

所有这些特殊标注信息都应放在一个独立的标注平面中，该平面是固定的，且不与任何几何特征关联，也不随着几何特征的转动而变换视角。

材料描述说明通常是指原材料需求的设计定义，它包含相关的原材料、原料集合或者制造产品所使用的半成品零件。对于单一材料的 MBD 模型，材料描述说明信息可以直接放置在特征结构树主枝上的结点中，也可以作为属性参数放置在零件实体模型结点下面；对于复合材料结构件，材料描述信息可以直接放置在特征结构树的结点中，也可作为属性参数放置在每个铺层定义中。

材料描述说明必须放在一个单独的、不能超过最大字符数的字符串型参数中。如果说明参数超过最大限制，则分成使用同一个说明号的多个参数处理。每个材料描述说明文本串使用这样的格式：A│B│C。其中，A 为原材料牌号；B 为对原材料的描述；C 定义了工程毛坯的尺寸大小。

2.5.4　标注信息特征与几何模型的关联表达

标注信息特征与几何模型的关联关系通常通过指引线表达。基准标注特征与几何模型特征间的关联关系也可用如图 2-22 所示基准特征的复合表示法，与尺寸或公差标注特征联合使用。

三维标注的集成包括一维和二维。一维集成是指对具有固定参数的常见几何形体、工程特征、常用件和组合标注信息等的参数进行重新地整合集成，形成可完整描述几何及工程对象规范的独立标注信息单元。以工程中常见的圆头平键键槽为例，键槽尺寸信息的集成标注如图 2-23 所示。

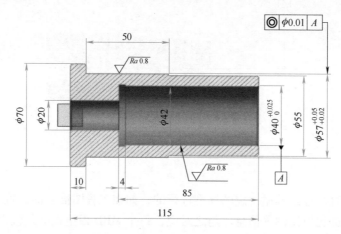

图 2-22　基准特征的复合表示法

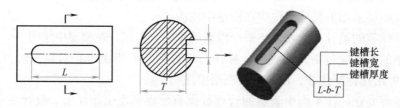

图 2-23　键槽尺寸信息的集成标注

2.6　MBD 模型信息组织管理

　　MBD 数据集完全采用产品结构特征树的方法来组织管理所有信息。特征树通过关联各种类型信息结点的方法，将几何模型、相关的几何特征描述、相关设计数据与附加元素融合在一起，为产品数据管理系统集成产品定义内容提供了接口。特征树解决了数据集众多内容的组织管理问题，同时考虑到系统的可操作性和便利性，对 MBD 数据集的定义也提出了相应的要求。

2.6.1　结构特征树和三维标注信息树

　　以 NX 为例，其采用部件导航器来表达零件MBD 数据信息，包含三维模型建模历史记录、标注信息。零件三维模型的构建过程以模型历史记录进行组织，而标注信息在 PMI 节点下进行组织，几何形状特征与三维标注信息皆在 3D环境下进行表达。图 2-24 所示为建模信息，表达模型历史记录；图 2-25 所示为三维标注信息树。

图 2-24　建模信息

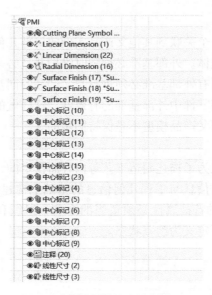

图 2-25　三维标注信息树

2.6.2　相关设计数据设计要求

1. 工程几何

工程几何信息是对最基本并必需的建模元素的定义，是整个模型建立的基础，其中主要包括坐标系统与基准面两类。任何一个零件在产品中都具有确定的位置关系，这种空间位置关系在产品数字化定义系统中通过基准坐标系系统来描述。当零件在一个具有上下文设计关系的环境中定义时，零件模型默认的原点表示设备或产品坐标系统，并需要建立表示零件局部轴和主要基准的轴系，被命名为"基准坐标系"，如图 2-26 所示。在建模、定义辅助基准和制造辅助元素时，根据需要可以建立附加轴，而在进行几何公差标注及有关工艺说明时，需要指定有关基准平面。

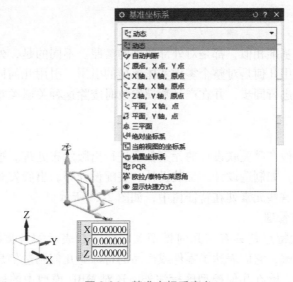

图 2-26　基准坐标系定义

2. 外部基准

外部基准是模型中的一个关联到其他父产品实例的局部几何元素，这一局部元素是父子产品模型间关联关系的载体。外部基准必须随时维护并且必须是已经发布的全局性几何参数。在修订产品之前，所有外部基准必须进行与父产品的同步操作以保持最新状态。在产品发放之前，首先要取消零件中外部基准的有效性，这样做的原因在于零件与父产品具有关联，而零件发放过程与父产品模型不是保持同步的。

3. 构建几何

构建几何中的信息不是为了描述制造工艺等内容而设定的，而是用来保存建模过程中的必需信息，即在外部基准信息与工程几何信息的基础上构建模型所需的中间几何数据，如图 2-27 所示。这些附加的特征属性必须适当的命名、组织和关联，以便后续的用户使用。构建几何在一般情况下定义为隐藏状态。

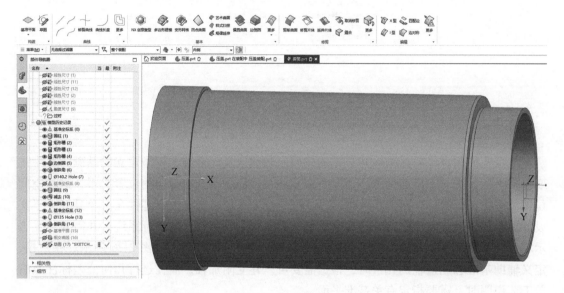

图 2-27　构建几何

4. 引用几何

引用几何与外部基准相似，都是对外部数据的参照。不同的是，外部基准是对其中的几何元素引用，而引用几何是对整个零件实体模型的引用。引用几何同外部基准一样，需要与外部关联模型的进行同步，并在产品数模发放时废除这种关联关系，以保持产品数据状态。

5. 出版发布

所有用于下游其他产品关联设计的元素都要进行出版发布处理。这将使产品定义元素能应用于其他环节中，如制造设计、工装设计、装配设计等。出版发布元素的命名必须参照相关文件的说明，这些元素列在特征树中，如图 2-28 所示。

6. 标注信息操作管理

MBD 模型的最大特点是具有与几何模型关联在一起表示的各类标注信息，如基准、尺寸、几何公差及注解，它们表达了零件或产品的特殊非几何制造信息。为了便于统一高效管理这些标注信息，除在几何模型区标注外，还对 MBD 模型中的标注信息通过标注集功能集中管理。与几何模型区标注一致，将基准信息、公差信息、尺寸信息与注解信息存放在各视图标注的工序平面结点下，如图 2-29 所示，这样便于按工序视图标注平面分类统计及查找相关标注信息。

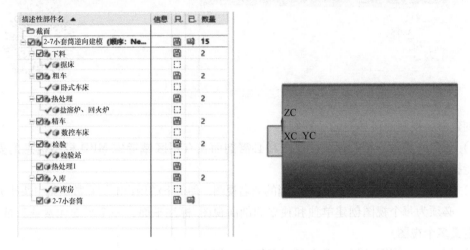

图 2-28　出版发布信息

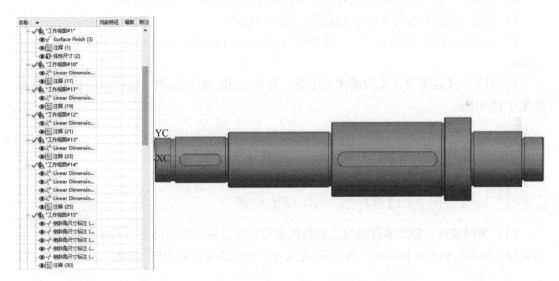

图 2-29　标注信息操作管理

　　MBD 模型中的尺寸公差以及工艺处理信息以三维标注形式表示，而所有的三维标注通过标注平面来统一表达与显示。标注平面是一个三维空间定义的平面，可以定义三维标注的信息。三维标注数量众多，不可能在一个标注平面中全部显示。因此，对于不同角度与位置的三维标注，需要有不同的标注平面。对于每个标注平面，为了便于管理与识别，通过视图形式来进行组织，每个标注平面采用与它所包含标注信息一致的最合适名称来命名标识，如它定义的特性与视图的方向，并把所有标注平面组织到结构特征树标注集结点下的模型视图分类结点中。图 2-30 所示为按视图对标注平面及标注信息进行全面管理。

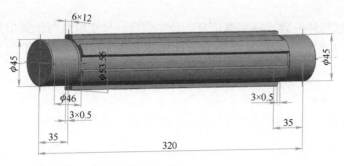

图 2-30   按视图对标注平面及标注信息进行全面管理

演示

创建命名视图面可参照如下规则：

1）从定义实体、相关标注、视图和必需剖面及有用区域考虑 MBD 模型信息的安排，尽可能提供最清晰的信息排列。

2）为每个视图或必需剖面创建恰当的命名视图，使得下游用户能够在数据集中快速浏览。

3）必须为每个视图创建单独和独立的剖面视图/标注平面，一个平面元素或特征可以用于定义多个视图。

4）用于定义视图的标注平面元素必须匹配相应命名视图。

5）伴随一个尺寸的所有控制对象应该把尺寸组合在同一个标注平面。

6）在定义视图的标注平面上创建和应用三维标注。

7）在为发放保存 MBD 模型时，模型中的所有标注和公差，应从隐藏（Hide）变为显示（Show）。

8）对于一个用来定义工程需求的零件，标准说明、零件说明、标注不应该定义在标注集中视图中。

2.7   MBD 模型创建实例

2.7.1   综合实例 1：薄壁套筒 MBD 模型构建

（1）实例描述   套类零件是组成机器的重要零件之一，结构特点是其零件的主要表面为同轴度较高的内外旋转表面。图 2-31 所示为薄壁套筒实例的 MBD 模型。

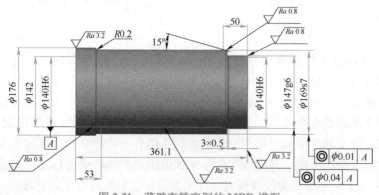

图 2-31   薄壁套筒实例的 MBD 模型

演示

（2）模型树　本案例采用 NX 建模，图 2-32 所示为构建薄壁套筒的模型树。

源文件

图 2-32　薄壁套筒模型树

（3）具体建模步骤　薄壁套筒实例的建模步骤见表 2-1。

表 2-1　薄壁套筒实例的建模步骤

建模序号	图示	步骤说明
1		建 ϕ176mm，高 361.1mm 圆柱
2		建矩形槽，成 ϕ169mm 圆柱
3		建矩形槽，成 ϕ147mm 圆柱

（续）

建模序号	图示	步骤说明
4		建矩形槽，成 3×0.5 退刀槽
5	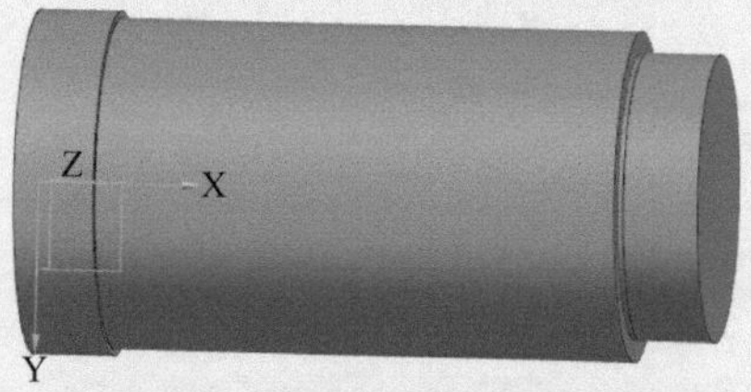	边倒圆
6		倒斜角
7	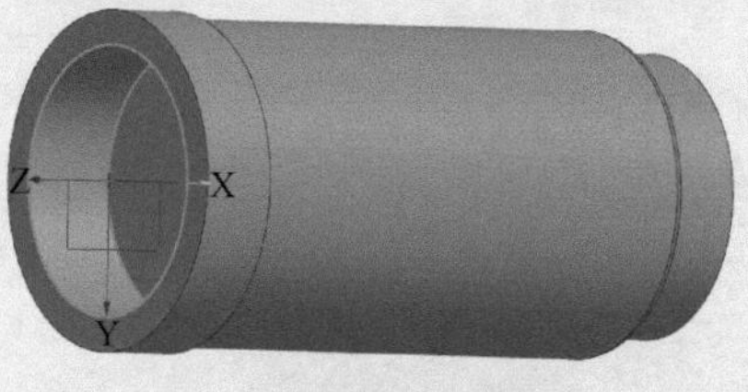	建 ϕ140mm 的孔，孔深 53mm
9	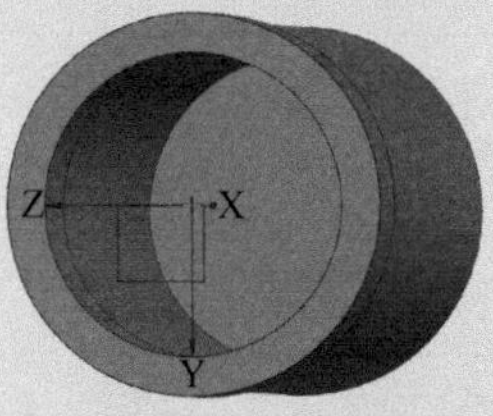	切除内部 ϕ142mm 圆柱
11		倒斜角

（续）

建模序号	图示	步骤说明
13	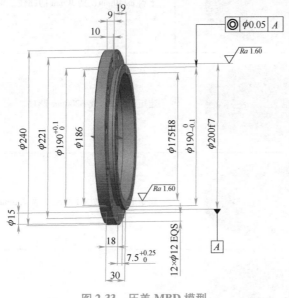	建 ϕ140mm 通孔
14		倒斜角

2.7.2　综合实例 2：压盖 MBD 模型构建

（1）实例描述　盘盖类零件是零件中的一个大类，也是机械装备中常见的零件类型之一，其结构具有径向大、轴向小的扁平状特点。图 2-33 所示为本实例所要构建的压盖 MBD 模型。盖压的基体为圆柱形回转体结构，其上含有中心孔和均布孔特征。

图 2-33　压盖 MBD 模型

演示

（2）模型树　本案例采用 NX 建模，图 2-34 所示为压盖的模型树。

（3）具体建模步骤　压盖实例的建模步骤见表 2-2。

图 2-34　压盖的模型树　　　　　　源文件

表 2-2　压盖实例的建模步骤

建模序号	图示	步骤说明
1		下料 $\phi240mm$、高 30mm 的圆柱
2		建矩形槽 2，成 $\phi200mm$ 圆柱
3		建矩形槽 3，成 $\phi190mm$，宽 7.5mm 的槽
4		建 $\phi186mm$、深 1mm 的孔

（续）

建模序号	图示	步骤说明
8	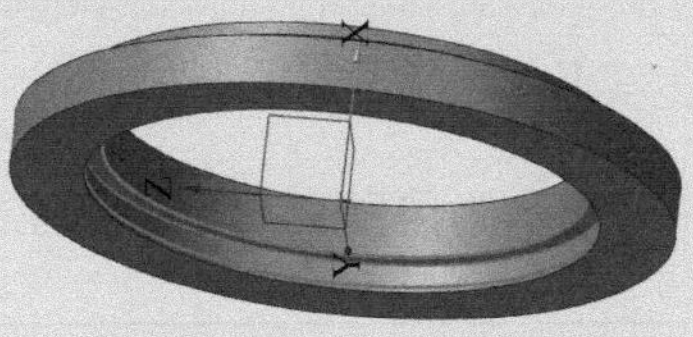	建 ϕ175mm，深 19mm 的孔
12		切除 ϕ190mm，高 10mm 的圆柱
15	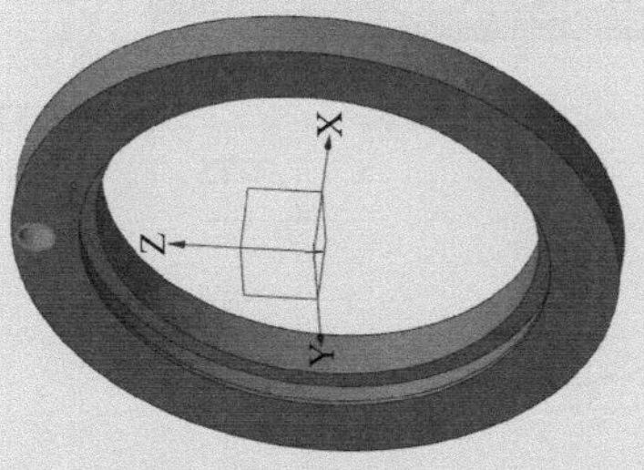	建 ϕ15mm、深 10mm 的孔
17	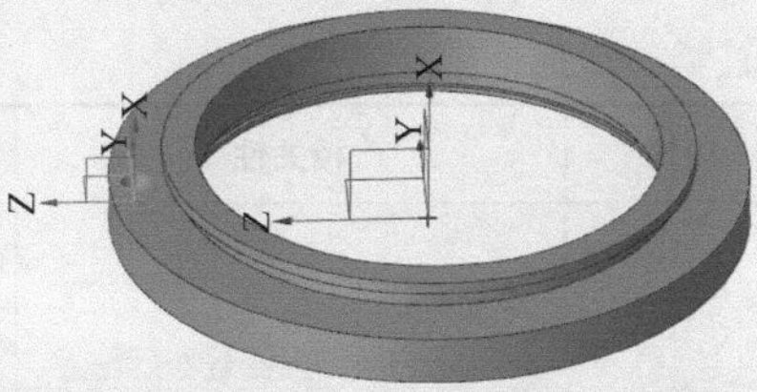	建 ϕ12mm、深 8mm 的孔
23	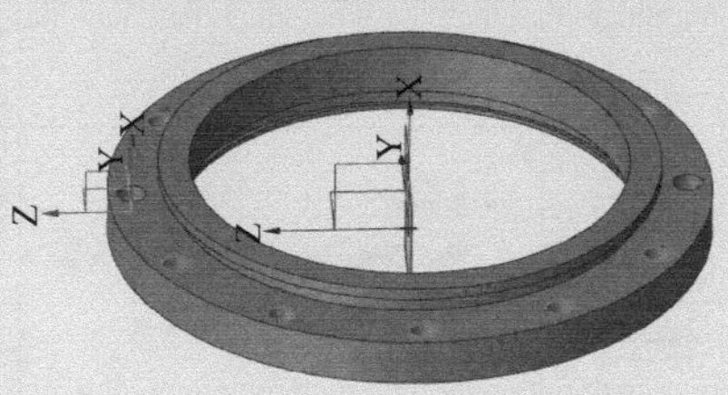	阵列特征 12 个 [圆形]
24	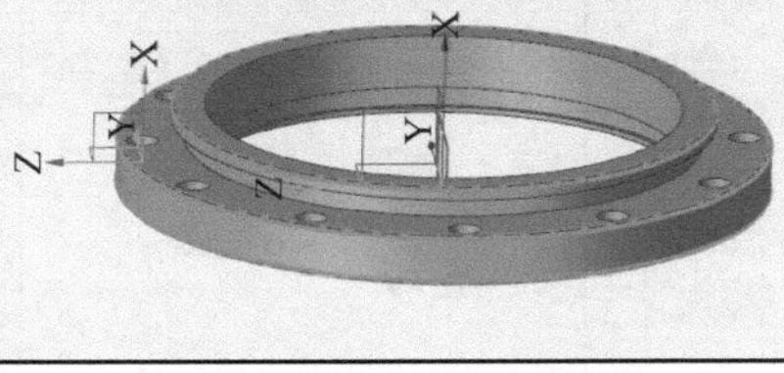	倒斜角

2.8　MBD 模型三维标注实例

2.8.1　综合实例 1：薄壁套筒三维标注实例

　　该实例以 NX 软件创建 MBD 模型，图 2-35 所示为薄壁套筒三维标注 PMI 信息树。

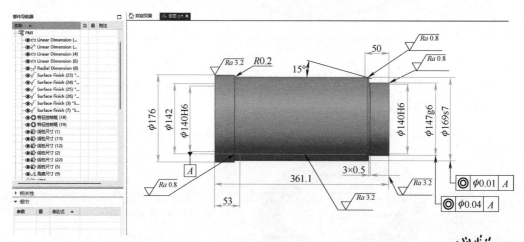

图 2-35　薄壁套筒三维标注 PMI 信息树

　　薄壁套筒三维标注具体步骤见表 2-3。

表 2-3　薄壁套筒三维标注具体步骤　　　　　　　　　　　　演示

序号	图示	功能	相关性	参数
1	53	线性	▼相关性 　Linear Dimension (17) 　　子项 　　　Linear Dimension (17) 　　父项	▼细节 参数　值 Value　53.0 Preci…　1 Uppe…
2	361.1	线性	▼相关性 　Linear Dimension (4) 　　子项 　　　Linear Dimension (4) 　　父项	▼细节 参数　值 Value　361.1 Preci…　1 Uppe…
3	3×0.5	线性	▼相关性 　Linear Dimension (6) 　　子项 　　　Linear Dimension (6) 　　父项	▼细节 参数　值 Value　3.0 Preci…　1 Uppe…

（续）

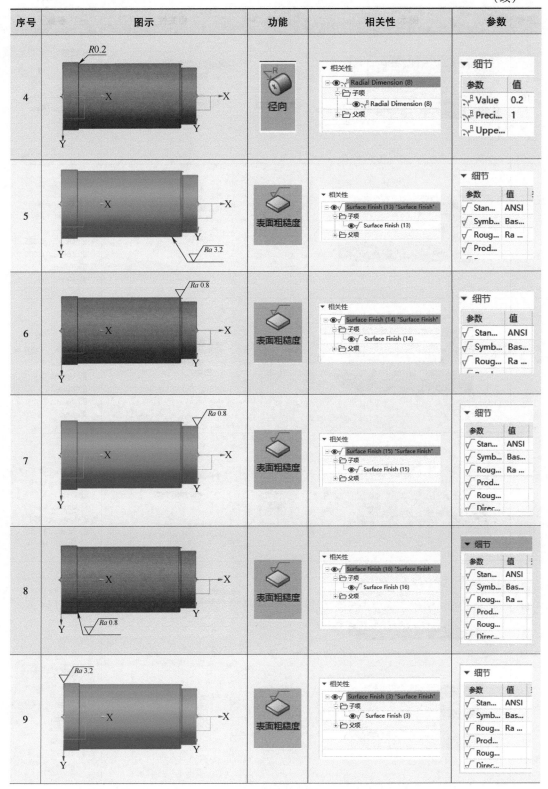

序号	图示	功能	相关性	参数
4	R0.2	径向	▼ 相关性 Radial Dimension (8) 　子项 　　Radial Dimension (8) 　父项	▼ 细节 参数　值 Value　0.2 Preci...　1 Uppe...
5	Ra 3.2	表面粗糙度	▼ 相关性 Surface Finish (13) "Surface Finish" 　子项 　　Surface Finish (13) 　父项	▼ 细节 参数　值 Stan...　ANSI Symb...　Bas... Roug...　Ra ... Prod...
6	Ra 0.8	表面粗糙度	▼ 相关性 Surface Finish (14) "Surface Finish" 　子项 　　Surface Finish (14) 　父项	▼ 细节 参数　值 Stan...　ANSI Symb...　Bas... Roug...　Ra ...
7	Ra 0.8	表面粗糙度	▼ 相关性 Surface Finish (15) "Surface Finish" 　子项 　　Surface Finish (15) 　父项	▼ 细节 参数　值 Stan...　ANSI Symb...　Bas... Roug...　Ra ... Prod... Roug... Direc...
8	Ra 0.8	表面粗糙度	▼ 相关性 Surface Finish (16) "Surface Finish" 　子项 　　Surface Finish (16) 　父项	▼ 细节 参数　值 Stan...　ANSI Symb...　Bas... Roug...　Ra ... Prod... Roug... Direc...
9	Ra 3.2	表面粗糙度	▼ 相关性 Surface Finish (3) "Surface Finish" 　子项 　　Surface Finish (3) 　父项	▼ 细节 参数　值 Stan...　ANSI Symb...　Bas... Roug...　Ra ... Prod... Roug... Direc...

（续）

序号	图示	功能	相关性	参数
10	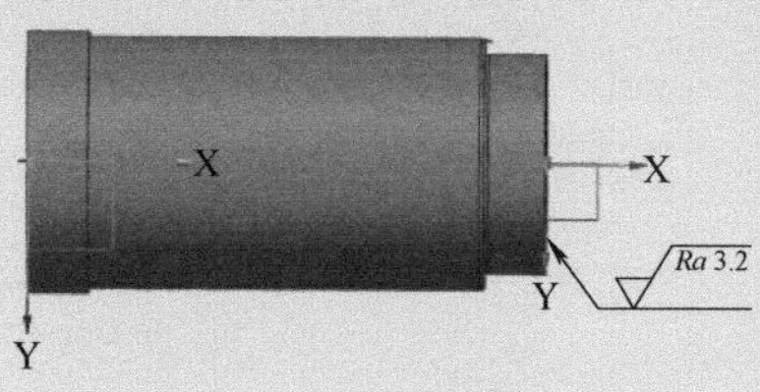 *Ra 3.2*	 表面粗糙度	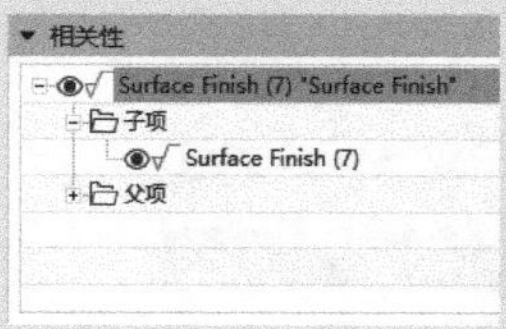 ▼ 相关性 Surface Finish (7) "Surface Finish" └ 子项 　└ Surface Finish (7) └ 父项	 ▼ 细节 参数　值 Stan... ANSI Symb... Bas... Roug... Ra ... Prod... Roug... Direc...
11	 φ140H6	 线性	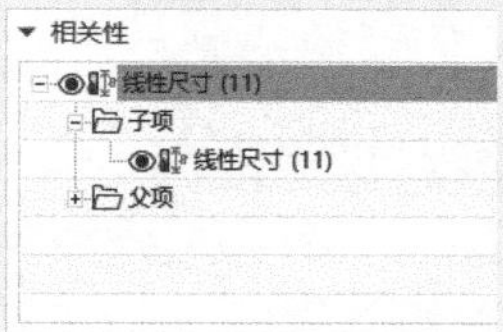 ▼ 相关性 线性尺寸 (11) └ 子项 　└ 线性尺寸 (11) └ 父项	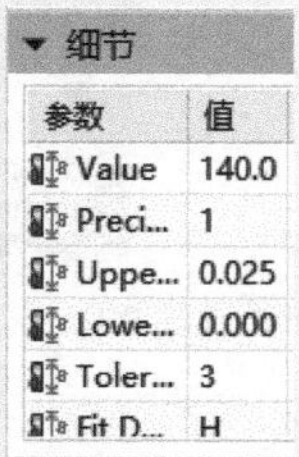 ▼ 细节 参数　值 Value 140.0 Preci... 1 Uppe... 0.025 Lowe... 0.000 Toler... 3 Fit D... H
12	 φ176	 线性	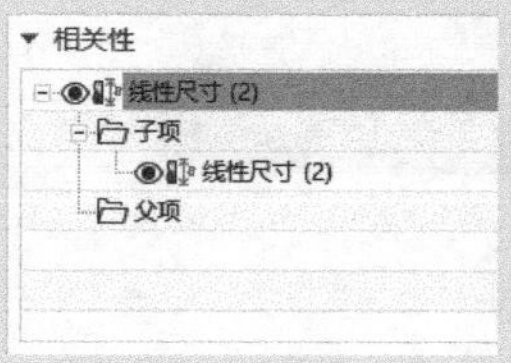 ▼ 相关性 线性尺寸 (2) └ 子项 　└ 线性尺寸 (2) └ 父项	 ▼ 细节 参数　值 Value 176.0 Preci... 1 Uppe... Lowe... Toler... Abov...
13	φ169s7	 线性	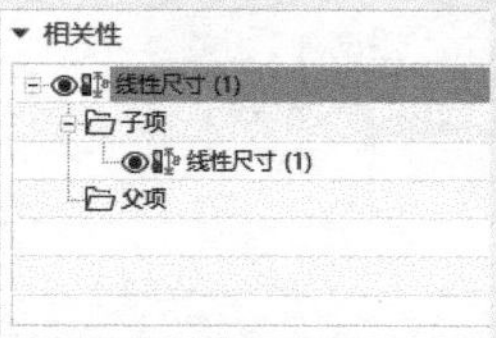 ▼ 相关性 线性尺寸 (1) └ 子项 　└ 线性尺寸 (1) └ 父项	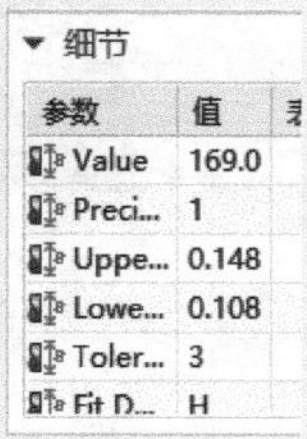 ▼ 细节 参数　值 Value 169.0 Preci... 1 Uppe... 0.148 Lowe... 0.108 Toler... 3 Fit D... H
14	 φ140H6	 线性	 ▼ 相关性 线性尺寸 (22) └ 子项 └ 父项	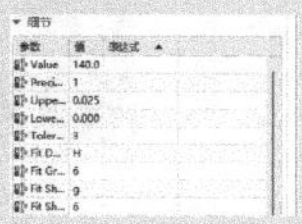 ▼ 细节 参数　值 Value 140.0 Preci... 1 Uppe... 0.025 Lowe... 0.000 Toler... 1 Fit Cr... H Fit Cr... 6 Fit S... 6
15	 φ142	 线性	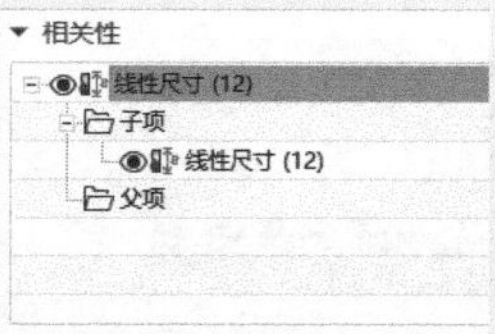 ▼ 相关性 线性尺寸 (12) └ 子项 　└ 线性尺寸 (12) └ 父项	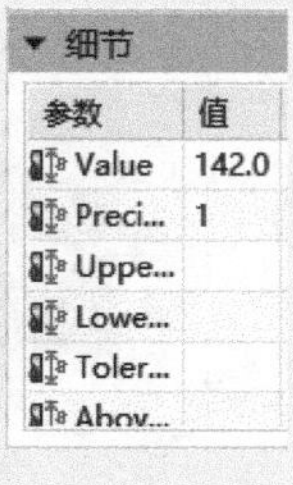 ▼ 细节 参数　值 Value 142.0 Preci... 1 Uppe... Lowe... Toler... Abov...

（续）

序号	图示	功能	相关性	参数
16	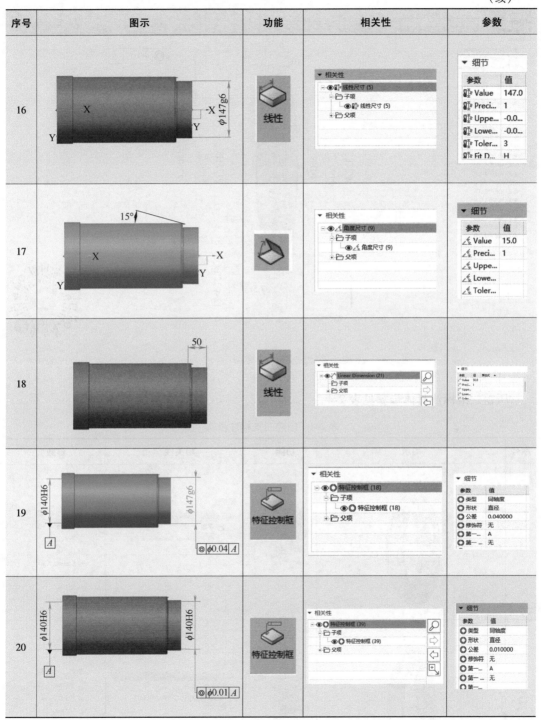	线性	▼ 相关性 ─ ◉◎ 线性尺寸 (5) 　└ 🗁 子项 　　└ ◉◎ 线性尺寸 (5) 　+ 🗁 父项	▼ 细节 参数　值 Value　147.0 Preci...　1 Uppe...　-0.0... Lowe...　-0.0... Toler...　3 Fit D...　H
17	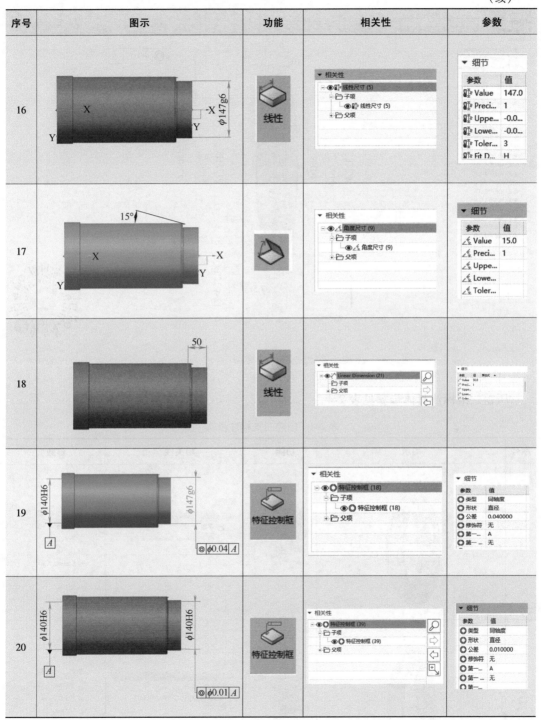		▼ 相关性 ─ ◉∠ 角度尺寸 (9) 　└ 🗁 子项 　　└ ◉∠ 角度尺寸 (9) 　+ 🗁 父项	▼ 细节 参数　值 Value　15.0 Preci...　1 Uppe... Lowe... Toler...
18	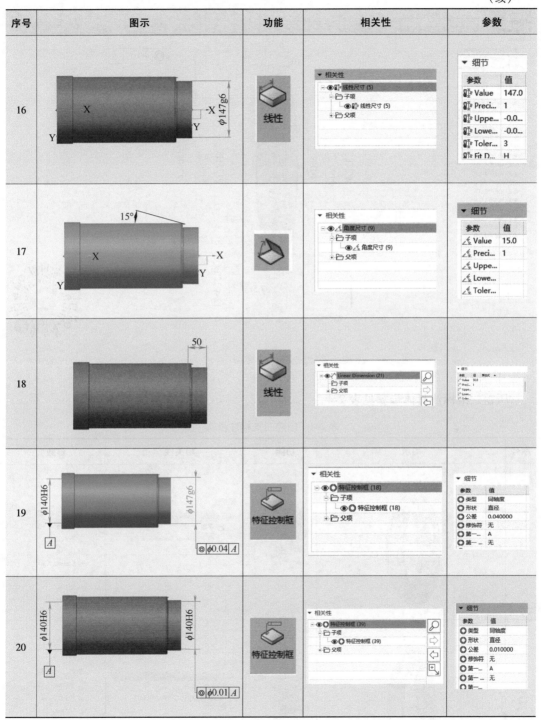	线性	▼ 相关性 ─ ◉◎ Linear Dimension (21) 　└ 🗁 子项 　+ 🗁 父项	细节 参数　值　类型式 Value　50.0 Preci...　1 Uppe... Lowe... Toler...
19	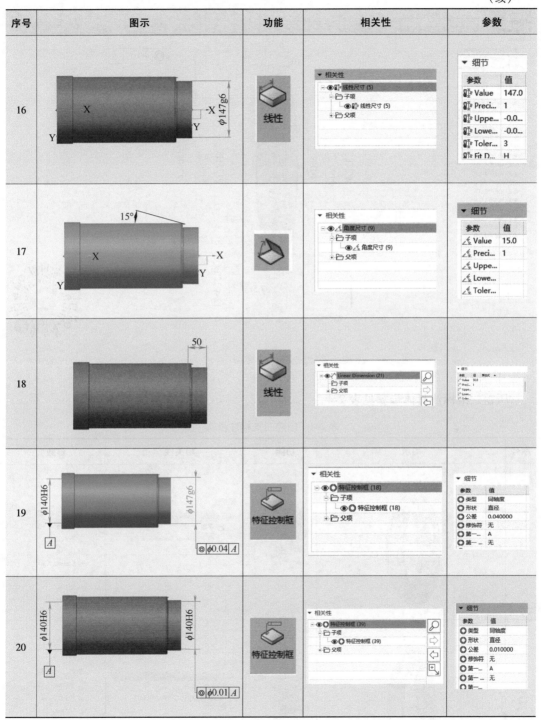	特征控制框	▼ 相关性 ─ ◉◎ 特征控制框 (18) 　└ 🗁 子项 　　└ ◉◎ 特征控制框 (18) 　+ 🗁 父项	▼ 细节 参数　值 类型　同轴度 形状　直径 公差　0.040000 修饰符　无 第一 ...　无 第一 ...　无
20	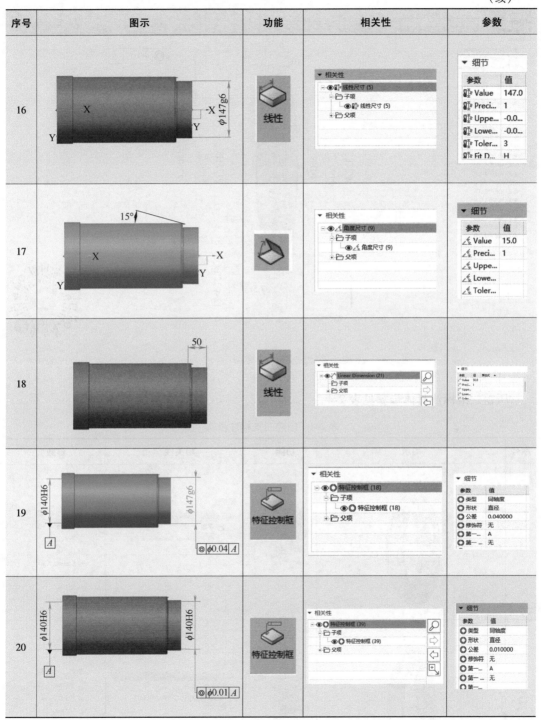	特征控制框	▼ 相关性 ─ ◉◎ 特征控制框 (39) 　└ 🗁 子项 　　└ ◉◎ 特征控制框 (39) 　+ 🗁 父项	▼ 细节 参数　值 类型　同轴度 形状　直径 公差　0.010000 修饰符　无 第一 ...　A 第一 ...　无 第一 ...

2.8.2 综合实例 2：压盖三维标注实例

该实例以 NX 软件创建 MBD 模型，图 2-36 所示为压盖三维标注 PMI 信息树。

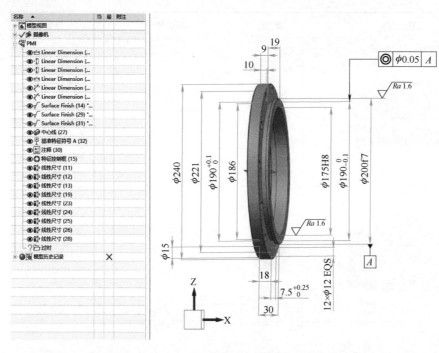

图 2-36　压盖三维标注 PMI 信息树

演示

压盖三维标注具体步骤见表 2-4。

表 2-4　压盖三维标注步骤

序号	图示	功能	相关性	参数
1		线性	▼ 相关性 ─ ◉ Linear Dimension (16) 　─ 子项 　　─ ◉ Linear Dimension (16) 　＋ 父项	▼ 细节 参数　　值 Value　10.0 Preci...　1 Uppe... Lowe... Toler... Abov...
2		线性	▼ 相关性 ─ ◉ Linear Dimension (17) 　─ 子项 　　─ ◉ Linear Dimension (17) 　＋ 父项	▼ 细节 参数　　值 Value　19.0 Preci...　1 Uppe... Lowe... Toler... Abov...

（续）

序号	图示	功能	相关性	参数
3	 　9	 线性	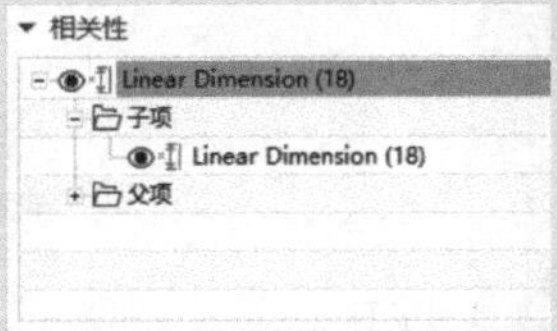 ▼ 相关性 　─ ◉ Linear Dimension (18) 　　─ 子项 　　　─ Linear Dimension (18) 　　＋ 父项	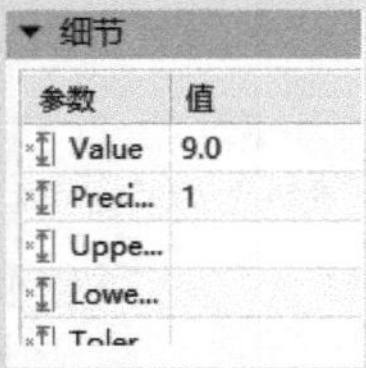 ▼ 细节 参数　值 Value　9.0 Preci...　1 Uppe... Lowe... Toler...
4	 　18	 线性	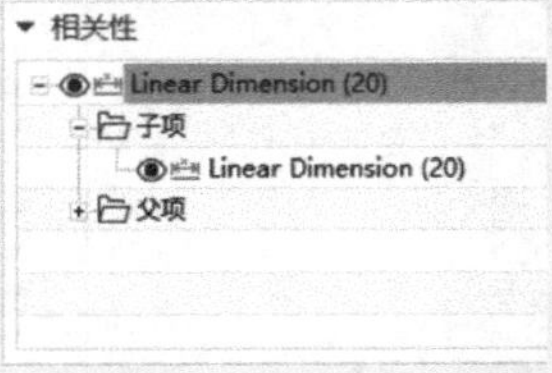 ▼ 相关性 　─ ◉ Linear Dimension (20) 　　─ 子项 　　　─ Linear Dimension (20) 　　＋ 父项	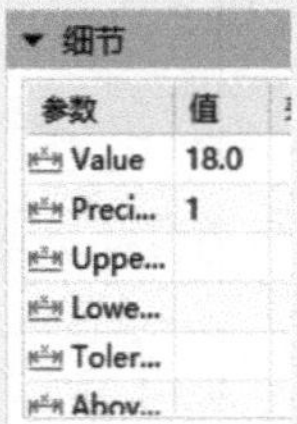 ▼ 细节 参数　值 Value　18.0 Preci...　1 Uppe... Lowe... Toler... Abov...
5	 　30	 线性	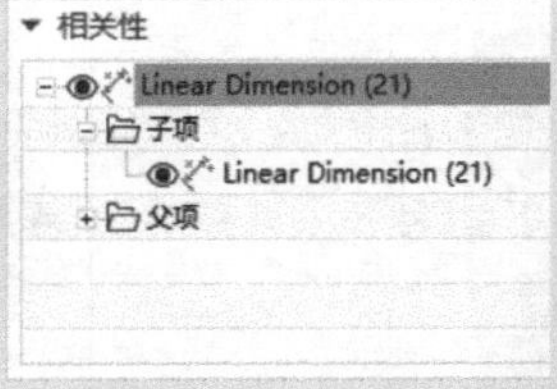 ▼ 相关性 　─ ◉ Linear Dimension (21) 　　─ 子项 　　　─ Linear Dimension (21) 　　＋ 父项	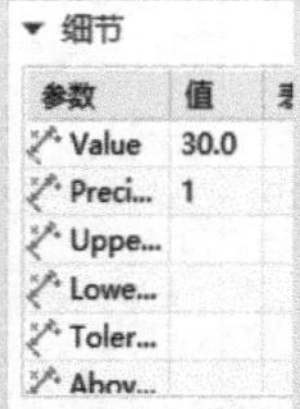 ▼ 细节 参数　值 Value　30.0 Preci...　1 Uppe... Lowe... Toler... Abov...
6	 　$7.5^{+0.25}_{0}$	 线性	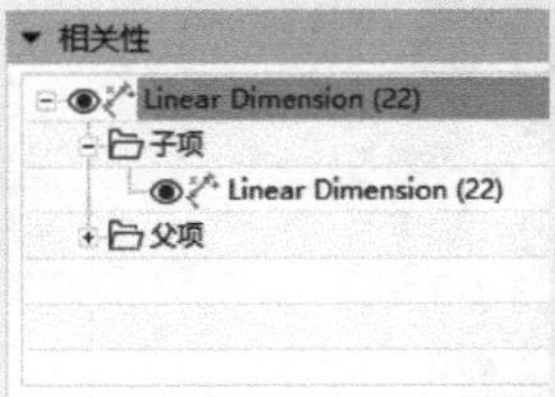 ▼ 相关性 　─ ◉ Linear Dimension (22) 　　─ 子项 　　　─ Linear Dimension (22) 　　＋ 父项	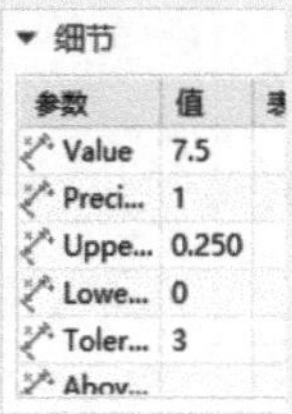 ▼ 细节 参数　值 Value　7.5 Preci...　1 Uppe...　0.250 Lowe...　0 Toler...　3 Abov...
7	$\phi175H8$	 线性	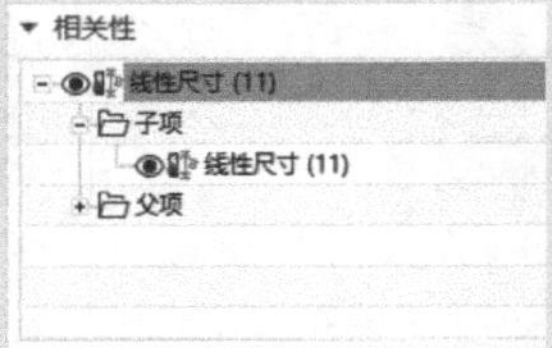 ▼ 相关性 　─ ◉ 线性尺寸 (11) 　　─ 子项 　　　─ 线性尺寸 (11) 　　＋ 父项	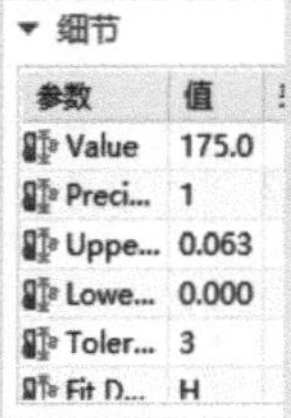 ▼ 细节 参数　值 Value　175.0 Preci...　1 Uppe...　0.063 Lowe...　0.000 Toler...　3 Fit D...　H

（续）

序号	图示	功能	相关性	参数
8	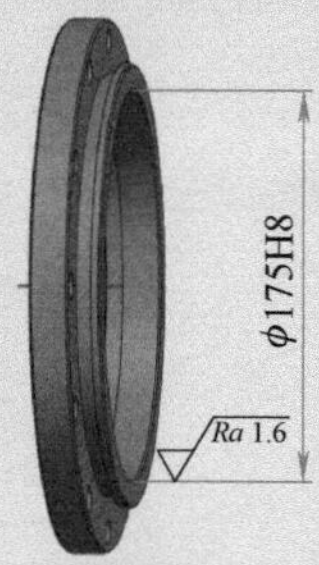 φ175H8　Ra 1.6	 表面粗糙度	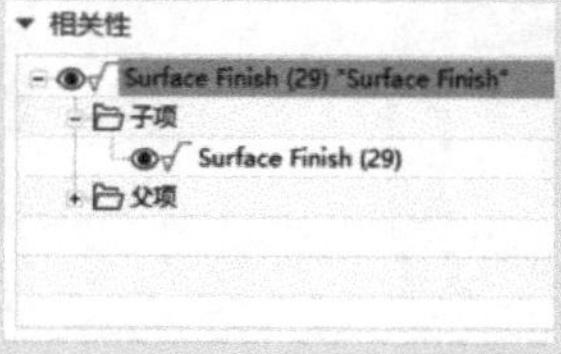 ▼ 相关性 ─ ●√ Surface Finish (29) "Surface Finish" 　─ 子项 　　● √ Surface Finish (29) 　＋ 父项	 ▼ 细节 参数　　值 √ Stan...　ANSI √ Symb...　Bas... √ Roug...　Ra ... √ Prod... √ Roug... √ Direc...
9	 φ200f7	 线性	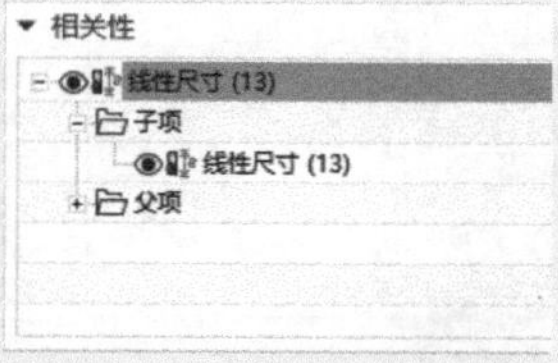 ▼ 相关性 ─ ●▯ 线性尺寸 (13) 　─ 子项 　　●▯ 线性尺寸 (13) 　＋ 父项	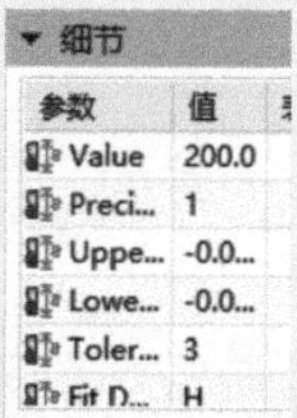 ▼ 细节 参数　　值 ▯ Value　200.0 ▯ Preci...　1 ▯ Uppe...　-0.0... ▯ Lowe...　-0.0... ▯ Toler...　3 ▯ Fit D...　H
10	 Ra 1.6　φ200f7	 表面粗糙度	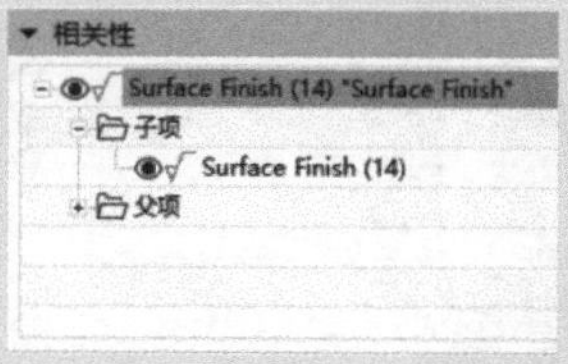 ▼ 相关性 ─ ●√ Surface Finish (14) "Surface Finish" 　─ 子项 　　● √ Surface Finish (14) 　＋ 父项	 ▼ 细节 参数　　值 √ Stan...　ANSI √ Symb...　Bas... √ Roug...　Ra ... √ Prod... √ Roug... √ Direc...
11	 φ200f7　A	 基准特征符号	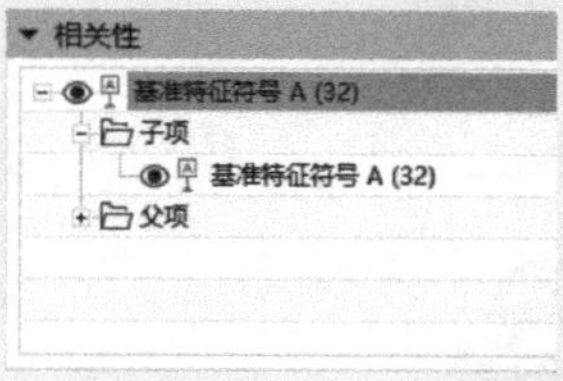 ▼ 相关性 ─ ●▯ 基准特征符号 A (32) 　─ 子项 　　●▯ 基准特征符号 A (32) 　＋ 父项	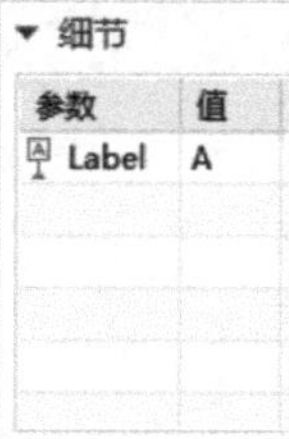 ▼ 细节 参数　　值 ▯ Label　A
12	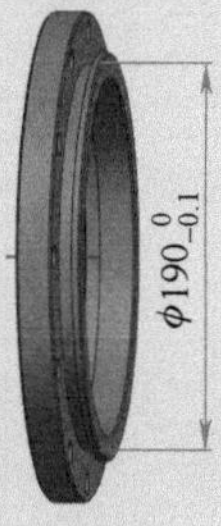 φ190 $^{0}_{-0.1}$	 线性	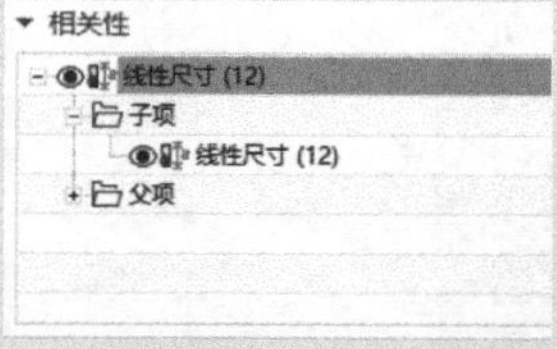 ▼ 相关性 ─ ●▯ 线性尺寸 (12) 　─ 子项 　　●▯ 线性尺寸 (12) 　＋ 父项	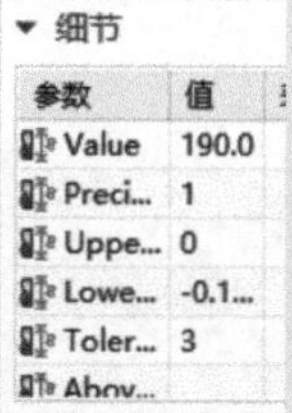 ▼ 细节 参数　　值 ▯ Value　190.0 ▯ Preci...　1 ▯ Uppe...　0 ▯ Lowe...　-0.1... ▯ Toler...　3 ▯ Abov...

（续）

序号	图示	功能	相关性	参数
13	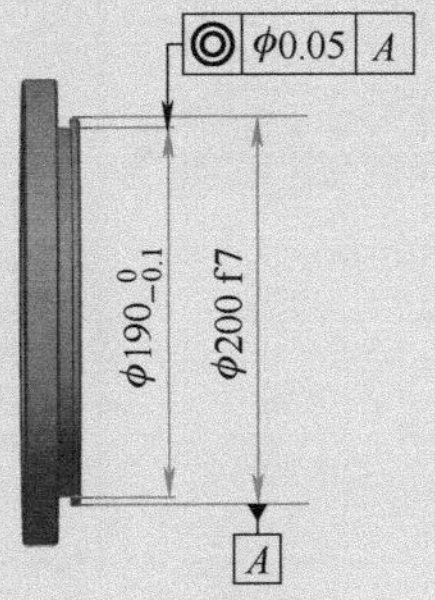 ⌖ |φ0.05| A | $\phi190_{-0.1}^{\ 0}$ $\phi200\ f7$ A	 特征控制框	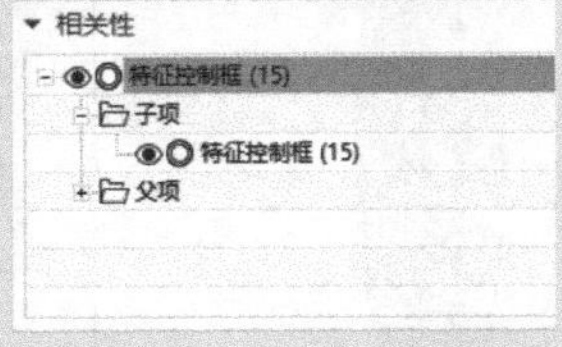 ▼ 相关性 ─●○ 特征控制框 (15) 　├─○ 子项 　│　└─●○ 特征控制框 (15) 　└─○ 父项	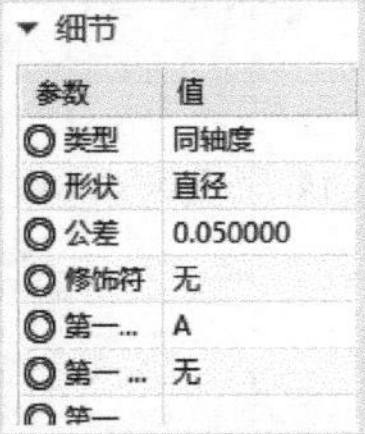 ▼ 细节 参数　值 ○ 类型　同轴度 ○ 形状　直径 ○ 公差　0.050000 ○ 修饰符　无 ○ 第一…　A ○ 第一…　无 ○ 第一
14	 $\phi15$	 线性	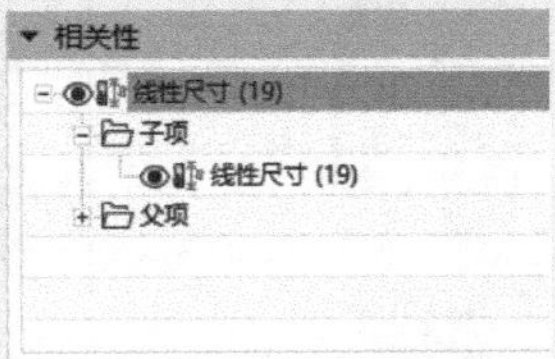 ▼ 相关性 ─●○ 线性尺寸 (19) 　├─○ 子项 　│　└─●○ 线性尺寸 (19) 　└─○ 父项	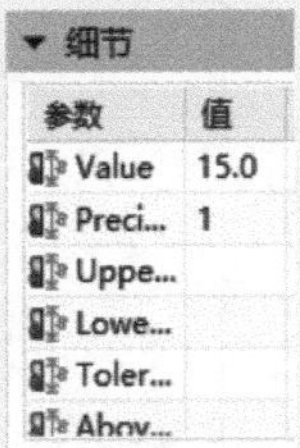 ▼ 细节 参数　值 Value　15.0 Preci…　1 Uppe… Lowe… Toler… Abov…
15	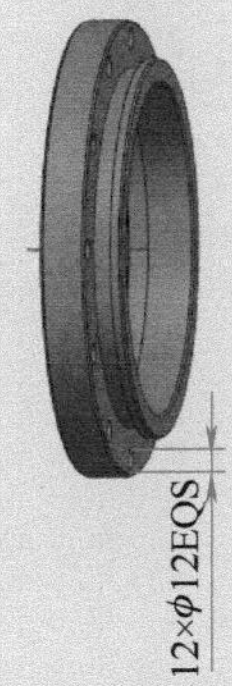 $12\times\phi12EQS$	 线性	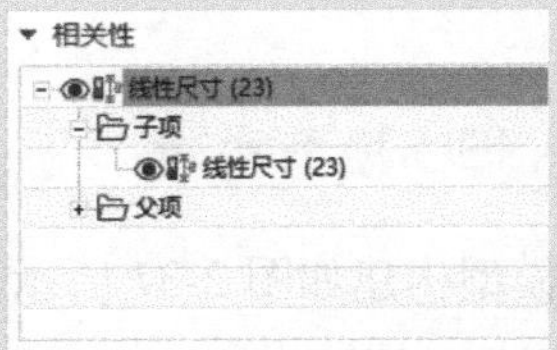 ▼ 相关性 ─●○ 线性尺寸 (23) 　├─○ 子项 　│　└─●○ 线性尺寸 (23) 　└─○ 父项	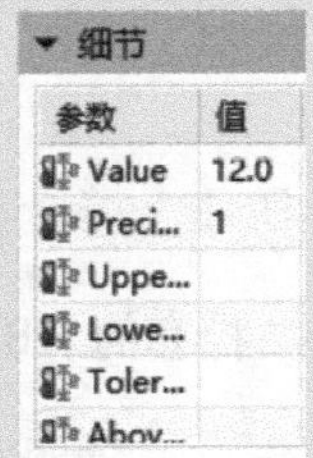 ▼ 细节 参数　值 Value　12.0 Preci…　1 Uppe… Lowe… Toler… Abov…
16	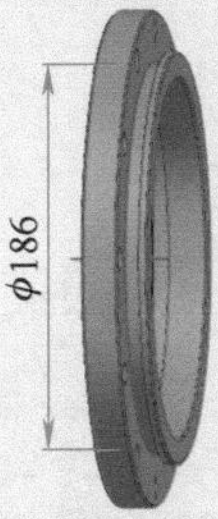 $\phi186$	 线性	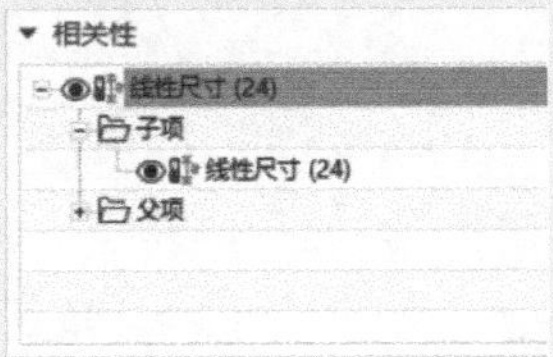 ▼ 相关性 ─●○ 线性尺寸 (24) 　├─○ 子项 　│　└─●○ 线性尺寸 (24) 　└─○ 父项	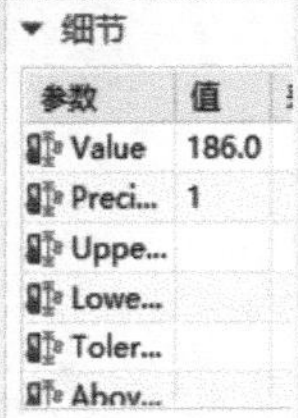 ▼ 细节 参数　值 Value　186.0 Preci…　1 Uppe… Lowe… Toler… Abov…
17	 $\phi190_{\ 0}^{+0.1}$	 线性	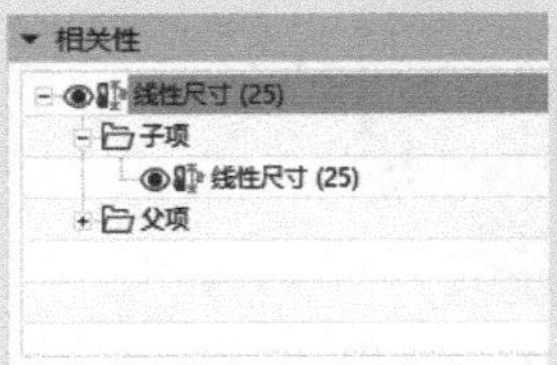 ▼ 相关性 ─●○ 线性尺寸 (25) 　├─○ 子项 　│　└─●○ 线性尺寸 (25) 　└─○ 父项	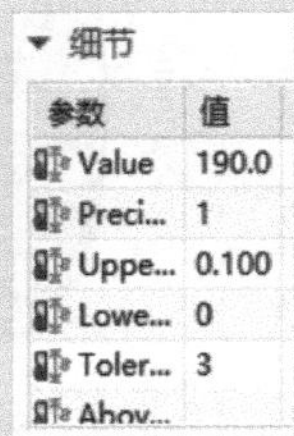 ▼ 细节 参数　值 Value　190.0 Preci…　1 Uppe…　0.100 Lowe…　0 Toler…　3 Abov…

（续）

序号	图示	功能	相关性	参数
18	φ240	线性	▼ 相关性 ─ ◉ 线性尺寸 (26) ├ 子项 │ └ ◉ 线性尺寸 (26) ├ 父项	▼ 细节 参数 · 值 Value · 240.0 Preci... · 1 Uppe... Lowe... Toler... Abov...
19	φ221	线性	▼ 相关性 ─ ◉ 线性尺寸 (28) ├ 子项 │ └ ◉ 线性尺寸 (28) ├ 父项	▼ 细节 参数 · 值 Value · 221.0 Preci... · 1 Uppe... Lowe... Toler... Abov...

2.9 课后实践：MBD 模型构建案例

2.9.1 挡套的 MBD 模型构建

挡套的 MBD 模型构建如图 2-37 所示。

2.9.2 轴承座的 MBD 模型构建

轴承座的 MBD 模型构建如图 2-38 所示。

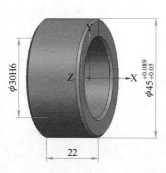

图 2-37 挡套的 MBD 模型构建

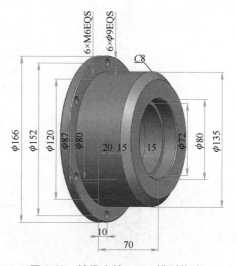

图 2-38 轴承座的 MBD 模型构建

2.9.3　飞轮的 MBD 模型构建

飞轮的 MBD 模型构建如图 2-39 所示。

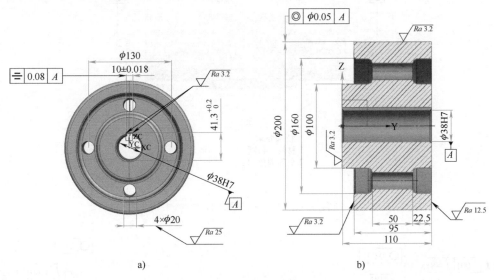

a)　　　　　　　　　　　　　b)

图 2-39　飞轮的 MBD 模型构建

2.9.4　花键轴 MBD 模型构建

花键轴 MBD 模型构建如图 2-40 所示。

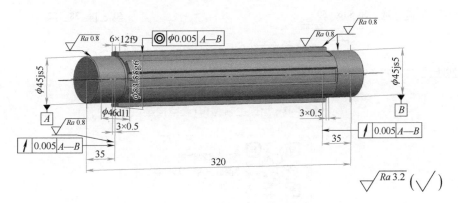

图 2-40　花键轴 MBD 模型构建

2.9.5　偏心轴 MBD 模型构建

偏心轴 MBD 模型构建如图 2-41 所示。

2.9.6　磨床主轴 MBD 模型构建

磨床主轴 MBD 模型构建如图 2-42 所示。

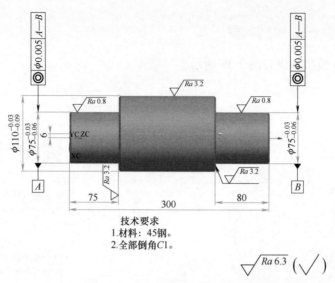

技术要求
1.材料：45钢。
2.全部倒角C1。

图 2-41　偏心轴 MBD 模型构建

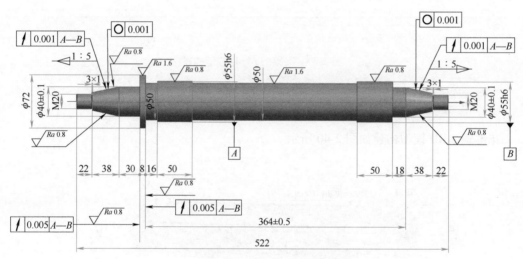

图 2-42　磨床主轴 MBD 模型构建

科学家科学史
"两弹一星"功勋科
学家：王大珩

第 3 章

基于模型的机加工工艺设计技术

PPT 课件

基于画法几何和投影几何而诞生的蓝图制图标准为历次工业革命打下了基础，工程定义需要清晰和无歧义的表达，这就是孔子说的："圣人立象以尽意"。随着 CAD 及三维造型技术的发展，无纸化设计已成为人们设计、装配等依托的重要手段，但是制造依据依然是蓝图。这样有可能导致三维和二维图之间关联关系缺失，从而出现产品质量问题。由此，出现了基于模型的机加工工艺技术，它协同设计与管理，集成仿真分析与制造，模型一次创建，多次使用，可节省设计，减少错误。MBD 技术在三维模型上，对尺寸特征、公差、工装设备及工艺审查等信息进行定义，将数据源得到统一，提高产品质量和加工效率。

3.1 基于 MBD 的工艺设计特点

3.1.1 全三维工艺系统中的 MBD 模型

MBD 技术即基于模型的定义技术。模型专指三维建模环境下的几何模型，是一种针对产品的全新数字化定义的技术，它包含生产产品的几何信息与非几何信息，完整清晰地表述了几何模型零件的生产尺寸、公差和加工过程等工艺信息，MBD 模型的数据信息如图 3-1 所示。

在全三维工艺设计系统中，大概可以将 MBD 模型分为以下几种：

（1）设计 MBD 模型 设计 MBD 模型，指零件设计完成时的模型，未经过任何加工工艺。

（2）毛坯 MBD 模型 通过采用特征填充法对零件设计模型的三维几何模型的还原特征进行填充，特征填充法是根据还原特征的轮廓特点实现特征还原的一种方法，通过对还原特征进行逐步还原，经过多次的还原工序，最终生成毛坯 MBD 模型。

（3）工艺 MBD 模型 工艺 MBD 模型是采用 MBD 技术建立的能表达零件加工技术要求和加工技术状态的三维集成模型。它是在设计 MBD 模型的基础上，通过属性表达法将可直接提供给加工、装配等制造过程使用的，能完整描述产品零件制造工艺过程的工艺信息包含在模型中。因此，工艺 MBD 模型不仅可直观地为加工过程提供操作指导，更重要的是可为生产制造执行过程提供完整的结构化工艺信息。

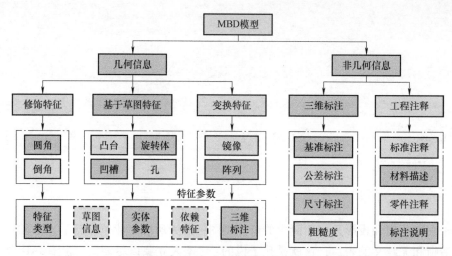

图 3-1　MBD 模型的数据信息

　　零件加工工艺过程和详细操作说明的工艺信息总体上可归纳分为基本信息、工序信息、工步信息、尺寸公差信息四类。每个零件工艺规程包括多道严格按串行顺序排列的工序组成，每道工序又由多个严格按串行顺序排列的工步组成，而每个工步又由多个不分先后顺序的加工尺寸组成。

　　（4）工序 MBD 模型　工序 MBD 模型是利用 MBD 技术建立的三维集成工序模型，它不仅体现结构特征、形状尺寸和公差要求，而且还包含详细的工艺过程和操作方法等完整的工艺信息，能够指导工人完成本工序的操作。工序尺寸的自动计算采用工艺尺寸式法实现，从而在每个尺寸对象中需要有加工表面代号、表面余量、尺寸编码、尺寸公差属性等。

3.1.2　工序 MBD 模型建模方法

1. 工艺结构化需求

　　虽然我国有关 MBD 技术的研究已经在航空航天等高科技领域全面展开，但是还处于初级探索阶段，技术还非常不成熟。因此，针对 MBD 工艺模型的研究还主要集中在工艺设计、标注标准化和虚拟装配等方面，对于 MBD 模型的组织管理还需要更深入的研究。

　　基于 MBD 的零件工艺模型作为零件在生产制造过程中传递工艺信息的唯一载体和依据，能够有效地解决产品设计加工过程中存在的工艺信息与三维几何模型关联性差的问题，直接应用工艺 MBD 模型指导零件的后续生产加工，可以极大地缩短产品的生产周期，提高产品的生产率。零件 MBD 工艺模型的基本构成如图 3-2 所示。

　　工序 MBD 模型旨在反映零件从毛坯模型到设计模型的中间状态。一个零件的加工过程是一系列的工序模型演变的过程，每个工序模型是上个工序模型的输出，并且是下一个工序模型的输入。一般情况下，一个工序模型对应一道工序，也可以按照换刀次数来定义工序模型，也可以根据特征识别结果后的加工特征综合考虑按照工艺路线确定工序模型的数量。对于多功能数控机床来说，可以选择一个工序模型多个工序，其难点在于夹具的设计。

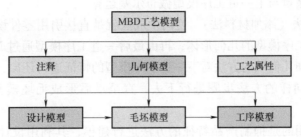

图 3-2　零件 MBD 工艺模型的基本构成

2. 工艺结构化设计

三维 MBD 工序模型包含了工艺设计模型、尺寸标注、注释、属性等指导加工生产的工艺信息。基于 MBD 的工序模型可以清晰地表达用于加工的本道工序详细内容并且可以用于数控编程和加工仿真。工序模型由工序的几何模型、加工特征的工序信息、工步信息组成，用公式表示工序模型如下：

$$M_i^{gx} = G_i^{gx} \cup \sum_{j=1}^{n_i} F_{ij} \cup \sum_{k=1}^{m_i} A_{ik}^{M} \cup \sum_{t=1}^{t_i} S_{it} \qquad (3\text{-}1)$$

式中，M_i^{gx} 表示第 i 道工序的工序 MBD 模型；G_i^{gx} 表示第 i 道工序的三维几何模型；F_{ij} 表示第 i 道工序所需要加工的第 j 个特征；A_{ik}^{M} 表示与该道工序所对应的工序属性信息；S_{it} 表示本道工序下面的一个工步内容。

工序模型一般有三种建模方法，分别是去除材料法、添加材料法以及混合法。该三种方法又分别称为正向生成法、逆向生成法和双向生成法。

（1）正向生成法（去除材料法）　正向生成法就是直接引用毛坯模型，通过 NX 建模工具从毛坯模型按加工顺序逐步去除几何特征域，直至得到最后一步工序模型，从而形成成品零件模型的建模方法，如图 3-3 所示。

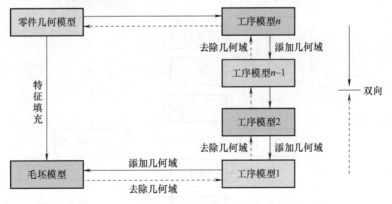

图 3-3　工序模型建模方法（虚线为正向，实线为逆向）

在目前的 CAM 软件的数控仿真中，采取的是正向生成法进行数控加工的仿真，但该方法只能作为检验工艺人员设计的工艺是否存在明显错误和粗略计算加工时间等简单问题，不能指导实际的生产加工，并且不适合三维 CAPP 系统的发展。正向生成法符合实际生产加工过程，其缺点是工作量大、通用性差、设计效率低。工艺设计人员需要详细计算出每道工序的加工余量与上一道工序模型做布尔差运算。

（2）逆向生成法（添加材料法） 逆向生成法就是直接引用零件设计模型的三维几何模型作为最后一道工序模型的几何形体，再由最后一道工序模型通过 NX 建模工具按加工路线的逆序采用添加几何域的方法对下一道工序模型的特征进行还原，得到下一道工序模型的三维模型，按同样的方法步骤进行下去，直至最后形成毛坯模型的形状，如图 3-3 所示。

逆向生成法采用的是抑制产品特征的方法进行建模，其利用设计模型的特征进行建模，减少了工艺人员的建模工作量，并保证了工序模型的设计结果与零件的制造过程、结构设计保持了一致性，操作简单并且模型准确，关键在于保证设计工序模型时符合特征加工顺序。

（3）双向生成法（混合法） 双向生成法就是通过直接引用最后一道工序模型，按加工路线的逆序通过添加材料法创建每道工序对应的工序模型，同时也能按照加工顺序，直接引用零件的毛坯模型，通过去除材料法创建对应的工序模型，通过从两头向中间的建模方法来创建零件的各个工序模型，如图 3-3 所示。

3. 工艺结构树与 MBD 工艺模型的关联

设计模型、毛坯模型、工序模型作为工艺信息的载体，将不同的工艺信息存储在对应的模型之中，将 MBD 工艺模型中包含的工艺信息与零件工艺结构树节点中所要包含的工艺信息对应起来，可以得到工艺结构树与 MBD 工艺模型直接的关联，如图 3-4 所示。

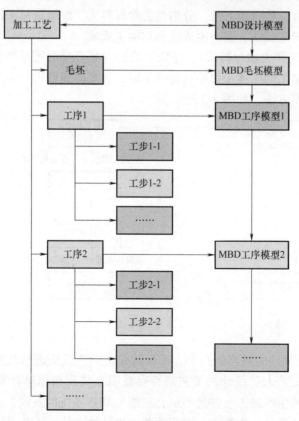

图 3-4 工艺结构树与 MBD 工艺模型的关联

3.1.3　工艺 MBD 模型设计流程

基于 MBD 的零件工艺模型作为零件在生产制造过程中所有数据集的集成，不仅包含了反映零件加工过程中间形态变化的三维几何模型，同时也融入了零件从设计阶段到加工成成品零件阶段所有的工艺信息。基于 MBD 的零件工艺模型设计流程如图 3-5 所示。

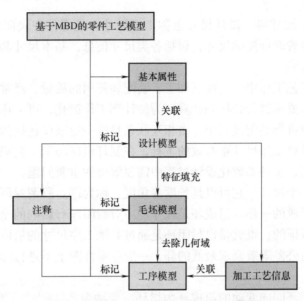

图 3-5　基于 MBD 的零件工艺模型设计流程

基于 MBD 的零件工艺模型是以零件设计模型作为建模基础，采用特征填充的方法得到毛坯模型，再按照工艺流程的加工顺序从毛坯模型通过去除几何域的方式得到工序模型，并将设计模型、毛坯模型和工序模型作为零件全部工艺信息的载体。其中设计模型关联零件的基本属性，工序模型关联与对应工序相关的加工工艺信息。

基于 MBD 的零件工艺模型作为零件在生产制造过程中传递工艺信息的唯一载体和依据，是所有工序模型、毛坯模型和设计模型以及所有工艺信息的集合体。零件的 MBD 工艺模型并非仅仅是对三维模型进行工艺信息的标注和关联，它还包含了产品工艺信息的管理情况，通过采用一系列的方法来对工艺信息进行更好的表达，使其能更容易地被解读，使得零件的 MBD 工艺模型可以更加方便地指导零件的生产加工，打破设计、制造的壁垒，有效地解决工艺一体化的问题。

3.2　参数化驱动的 MBD 模型生成与转换

当前企业在生产实际过程中建立工序 MBD 模型时普遍采用的方法有两种：草图尺寸转换而来的 PMI 尺寸以及由 PMI 模块标注出基于模型特征的 PMI 尺寸，二者共同表达产品的设计尺寸信息，这样可以直接建立起尺寸信息和模型特征的关联，这种关联便于下游部门开展 PMI 信息重用驱动模型的转换，从而形成工序 MBD 模型。但是工序 MBD 模型的后续更改过程麻烦。因此，需要根据加工工艺顺序要求对零件各个加工特征进行重构，从而动态生成工序 MBD 模型。这种建立工序 MBD 模型的方法自动化程度高，虽然取得了一定的研究成果，但在通用性与实用性方面还有较大差距。下面介绍一种参数化驱动的工序 MBD 模型自动生成技术，并结合三维工艺设计系统，推导 MBD 模型所体现的驱动参数值，设计尺寸、加工余量等关联关系的计算流程。

3.2.1 设计尺寸与特征参数关系

（1）设计尺寸与尺寸链 设计尺寸也称工程尺寸，是零件在表面设计（或加工）完成后，在图中标注或者非标注的尺寸，包括各类尺寸信息，基本尺寸和公差等。一个零件或许有不同的标注方案。

在机械设计和工艺工作中，为保证加工、装配和使用的质量，经常要对一些相互关联的尺寸、公差和技术要求进行分析和计算，为使计算工作简化，可采用尺寸链原理。尺寸链就是在零件加工或机器装配过程中，由相互联系且按一定顺序连接的封闭尺寸组合。尺寸链原理是分析和计算工序尺寸很有效的工具，在制订机械加工工艺规程和保证装配精度中都有很重要的应用，也是参数化设计过程中需要解决的重要问题。

尺寸链中的每一个尺寸，它可以是长度或角度，称为环。所谓封闭环是指零件在加工或装配过程中最后形成的一环，组成环是尺寸链中对封闭环有影响的全部环。封闭环的大小是由组成环间接保证的，也就是说封闭环是通过其他工序尺寸的精度而得到保证，具有间接性。封闭环应为公差等级要求最低的环，一般在零件图上不进行标注，以免引起加工混乱。

变动会引起封闭环同向变动的组成环为增环，变动会引起封闭环反向变动的组成环为减环。

如图 3-6 所示的套类零件中，可形成两个尺寸链，如图 3-7 所示，其中 D_0 为封闭环，D_1、D_2、D_3 为减环，D_4 为增环。

（2）尺寸链中各参数关系 尺寸链中各组成尺寸信息包含尺寸、精度和工艺信息等。尺寸首尾相连接形成一个封闭图形。这是尺寸链中的主要特性。一个尺寸链只有一个封闭环。尺寸链中一定有增环，可以没有减环。

当图中轴向有 n 个面的几何要素时，为完整说明工程意图，应该标注 $n-1$ 个尺寸，唯一确定这组参数变量。直线尺寸链计算方法是一种常用的尺寸链计算法，其封闭环的公称尺寸、精度和公差等与标注尺寸关联关系表达方式如下：

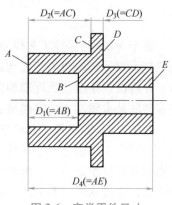

图 3-6 套类零件尺寸

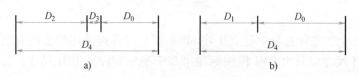

图 3-7 尺寸链

1）封闭环的公称尺寸 D_0 等于增环的公称尺寸之和减去减环的公称尺寸之和，即

$$D_{0公} = \sum_{i=1}^{m} D_{i增公} - \sum_{i=m+1}^{n-1} D_{i减公} \tag{3-2}$$

2）封闭环的上极限尺寸 D_{0max} 等于增环的上极限尺寸之和减去减环的下极限尺寸之和，即

$$D_{0max} = \sum_{i=1}^{m} D_{i增max} - \sum_{i=m+1}^{n-1} D_{i减min} \tag{3-3}$$

3）封闭环的下极限尺寸 D_{0min} 等于增环的下极限尺寸之和减去减环的上极限尺寸之和，即

$$D_{0min} = \sum_{i=1}^{m} D_{i增min} - \sum_{i=m+1}^{n-1} D_{i减max} \tag{3-4}$$

4）封闭环的上极限偏差 $ES（D_0）$ 等于增环的上极限偏差之和减去减环的下极限偏差之和，即

$$ES(D_0) = \sum_{i=1}^{m} ES(D_{i增}) - \sum_{i=m+1}^{n-1} EI(D_{i减}) \tag{3-5}$$

5）封闭环的下极限偏差 $EI（D_0）$ 等于增环下极限偏差之和减去减环的上极限偏差之和，即

$$EI(D_0) = \sum_{i=1}^{m} EI(D_{i增}) - \sum_{i=m+1}^{n-1} ES(D_{i减}) \tag{3-6}$$

6）封闭环的公差 $T(D_0)$ 等于各组成环的公差 $T(D_i)$ 之和，即

$$T(D_0) = \sum_{i=1}^{m} T(D_{i增}) - \sum_{i=m+1}^{n-1} T(D_{i减}) = \sum_{i=1}^{n} T(D_i) \tag{3-7}$$

【例 3-1】　如图 3-8 所示，当设计尺寸标为公称尺寸加精度时，在轴向形成两个公称尺寸链，求封闭环的尺寸。

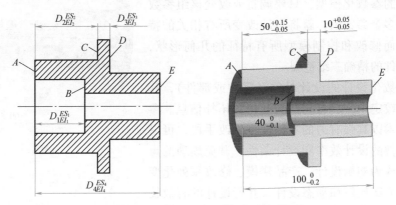

图 3-8　套类零件标注为公称尺寸加精度

假设图 3-8 中尺寸数值如下：

$$D_1 = 40mm, ES_1 = 0, EI_1 = -0.1mm$$
$$D_2 = 50mm, ES_2 = +0.15mm, EI_2 = -0.05mm$$
$$D_3 = 10mm, ES_3 = +0.05mm, EI_3 = -0.05mm$$

$$D_4 = 100\text{mm}, ES_4 = 0, EI_4 = -0.2\text{mm}$$

解：

1）图 3-8 中轴向 A、C、D、E 四个面形成一个尺寸链，需要标注三个尺寸 D_2、D_3、D_4，这组尺寸中的封闭环为面 D 到 E 的尺寸。

公称尺寸：

$$D_0 = D_4 - (D_2 + D_3) = [100 - (50 + 10)]\text{mm} = 40\text{mm}$$

极限偏差：

$$EI_0 = EI_4 - (ES_2 + ES_3) = [-0.2 - (0.15 + 0.05)]\text{mm} = -0.4\text{mm}$$

$$ES_0 = ES_4 - (EI_2 + EI_3) = [0 - (-0.05 - 0.05)]\text{mm} = +0.1\text{mm}$$

则面 D 到面 E 的尺寸为 $40^{+0.1}_{-0.4}$。

2）图 3-8 中轴向 A、B、E 三个面形成一个尺寸链，需要标注两个尺寸 D_1 和 D_4，这组尺寸中的封闭环为面 B 到面 E 的尺寸。

基本尺寸：

$$D_0 = D_4 - D_1 = (100 - 40)\text{mm} = 60\text{mm}$$

极限偏差：

$$EI_0 = EI_4 - ES_1 = (-0.2 - 0)\text{mm} = -0.2\text{mm}$$

$$ES_0 = ES_4 - EI_1 = [0 - (-0.1)]\text{mm} = +0.1\text{mm}$$

则面 B 到面 E 的尺寸为 $60^{+0.1}_{-0.2}$。

参数化后，可以自动标注出上面计算的尺寸，如图 3-9 所示。

3.2.2 基于特征的参数化设计

基于特征的参数化设计（Parametric Design）是指通过建立起一个用一组参数来表示或约定零件模型特征尺寸关系的参数化模型，只要调整或改变该组参数中的一个或多个参数值，就将自动改变所有相关的特征尺寸，从而修改和控制模型所有特征的几何形状，自动实现零件的精确三维造型。

采用参数化设计的设计对象（零件或部件），其结构形状比较定型，具有相似的几何和拓扑信息。参数化设计技术以其强有力的零件模型修改手段，可以大大提高零件的设计效率和设计柔性，避免烦琐的重复性工作，成为初始设计、产品建模、修改系列化变型设计、多方案比较和动态设计、并行设计的有效技术手段。

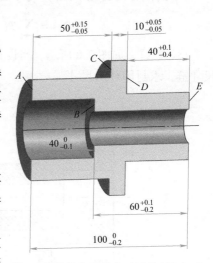

图 3-9　参数化设计自动计算封闭尺寸

简单来说，如果将几何信息分为自变量和目标变量，参数化设计则是用一个函数来设计它们之间的关系，不同函数则代表不同的设计方案。

参数化设计可用函数描述：

$$F(D, X) = 0$$

式中，$F = \{f_1, f_2, \cdots, f_n\}$ 为函数，能代表零件自变量和目标变量关系的一系列方程；$D = \{D_1, D_2, \cdots, D_n\}$ 为目标变量，表示几何特征尺寸间的约束关系；$X = \{X_1, X_2, \cdots, X_n\}$ 为自变量，表示一组对应几何特征尺寸的自定义参数。

如果零件轴向上有 $n+1$ 个几何位置关系，那么该零件可以是 n 个自变量（驱动参数），n 个特征约束尺寸（每个特征尺寸对应一个参数），n 个标注的设计尺寸（每次标注方案不同，因此设计尺寸也许等于特征约束尺寸，也许不等），外加 1 个未标注的封闭环。

其中，自变量可用 $X = \{X_1, X_2, \cdots, X_n\}$ 表示，目标变量可用 $D = \{D_1, D_2, \cdots, D_n\}$ 表示，特征约束尺寸可用 $D_F = \{D_{F1}, D_{F2}, \cdots, D_{Fn}\}$ 表示，则有以下关系：

$$D_F = \boldsymbol{A}X \tag{3-8}$$

$$D = \boldsymbol{B} \cdot D_F \tag{3-9}$$

得

$$D = \boldsymbol{B} \cdot D_F = \boldsymbol{BA} \cdot X = \boldsymbol{B} \cdot X \tag{3-10}$$

$$X = \boldsymbol{B}^{-1} \cdot D \tag{3-11}$$

式中，$\boldsymbol{A}$ 为 $n \times n$ 的斜对角单位矩阵；

$$\boldsymbol{B} = \begin{pmatrix} a_{11} & \cdots & a_{1n} \\ \vdots & & \vdots \\ a_{n1} & \cdots & a_{nn} \end{pmatrix}, \ a_{ij} \in \{-1, 0, 1\}。$$

设计尺寸可由一个或几个自变量相加减的代数关系式可得，反之，自变量也可用各设计尺寸的代数关系表示。

当设计尺寸 D_i 的代数关系式中自变量 X_j 的符号是加号，则 $a_{ij} = 1$；符号是减号，则 $a_{ij} = -1$；与之无关，则 $a_{ij} = 0$。

将式（3-10）展开可得

$$\begin{pmatrix} D_1 \\ \vdots \\ D_n \end{pmatrix} = \begin{pmatrix} a_{11} & \cdots & a_{1n} \\ \vdots & & \vdots \\ a_{n1} & \cdots & a_{nn} \end{pmatrix} \begin{pmatrix} X_1 \\ \vdots \\ X_n \end{pmatrix} \tag{3-12}$$

最后上述位置几何关系未标注的封闭环可用式（3-13）建立与自变量关系，由此可知，一个零件所有 $n+1$ 尺寸均可以建立参数化函数方程，从而进行参数化驱动设计。

$$D_0 = (1 \ \cdots \ 1 \ -1 \ \cdots \ -1) \begin{pmatrix} D_1 \\ \vdots \\ D_m \\ D_{m+1} \\ \vdots \\ D_n \end{pmatrix} \tag{3-13}$$

式中，m 为增环数（+1）；n 为减环数（-1）。

【例 3-2】　如图 3-10 所示，零件轴向有五个面几何位置要素，则标注四个自变量 AB、AC、CD、AE，图 3-10a、b 两种标注方案的设计尺寸如何建立其设计尺寸矩阵。

解：自变量 $X = \{AB, AC, CD, AE\}$

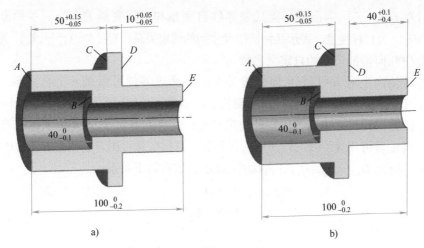

图 3-10 套类零件标注不同标注方案

根据 $\begin{pmatrix} D_1 \\ \vdots \\ D_n \end{pmatrix} = \begin{pmatrix} a_{11} & \cdots & a_{1n} \\ \vdots & \vdots & \vdots \\ a_{n1} & \cdots & a_{nn} \end{pmatrix} \begin{pmatrix} X_1 \\ \vdots \\ X_n \end{pmatrix}$

1）图 3-10a 标注方案的设计矩阵：

$$\begin{pmatrix} D_1 \\ D_2 \\ D_3 \\ D_4 \end{pmatrix} = \begin{pmatrix} 1 & 0 & 0 & 0 \\ 0 & 1 & 0 & 0 \\ 0 & 0 & 1 & 0 \\ 0 & 0 & 0 & 1 \end{pmatrix} \begin{pmatrix} AB \\ AC \\ CD \\ AE \end{pmatrix}$$

2）图 3-10b 标注方案的设计矩阵：

由于 $D_3 = AE - AC - CD$，对应的第三行值分别为 0，−1，−1，1。

$$\begin{pmatrix} D_1 \\ D_2 \\ D_3 \\ D_4 \end{pmatrix} = \begin{pmatrix} 1 & 0 & 0 & 0 \\ 0 & 1 & 0 & 0 \\ 0 & -1 & -1 & 1 \\ 0 & 0 & 0 & 1 \end{pmatrix} \begin{pmatrix} AB \\ AC \\ CD \\ AE \end{pmatrix}$$

3.2.3　不同标注原则的实体尺寸换算

三维标注技术是指将所标注的内容（如零件尺寸、公差、表面精度、表面粗糙度、技术要求等非加工信息）直观地组织与表达出来，标注在图样中的尺寸也称为名义尺寸。对于设计过程来说，标注只要体现零件的完整尺寸信息，怎么标注并不重要。在零件三维设计时，在尺寸公差范围内，可以有多种标注方案。

但在零件加工过程中，刀具的进给不是严格按照名义尺寸运动，而是在设计尺寸的最大值和最小值之间所形成的公差带中，沿一条曲线轨迹进行进给，这种形式导致的误差不可避免，严重的甚至会导致生产出的产品零件不符合标准成为废品。

然而在零件装配过程中，有包容要求的，主要用于零件上配合性质要求较严格的配合表面，特别是配合公差较小的精密配合，如滚动轴承内圈与轴颈、滑动套筒和孔、滑块和滑块槽的配合等。

（1）中差模型　中差模型是指尺寸公差均为等双向公差的三维模型，以公差带的中值作为约束条件进行加工，可得到与结果尺寸最接近的尺寸，加工出的零件误差能达到最小。中差模型的实体名义尺寸即为理想的 MBD 工艺模型实体尺寸值，可以以中差模型的实体名义尺寸作为依据得到零件的加工参数，进行刀位轨迹的生成，采用中差模型作为零件设计制造的依据可以更加精确地实现数控加工，有效提高加工精度。

假设某设计尺寸原标注为 $D_0{}_{EI_0}^{ES_0}$，则转换成按中差标注的设计尺寸 $D_m{}_{EI_m}^{ES_m}$ 时，有

$$\begin{cases} D_m + ES_m = D_0 + ES_0 \\ D_m - EI_m = D_0 - EI_0 \end{cases} \tag{3-14}$$

得

$$\begin{cases} ES_m = -EI_m = \dfrac{ES_0 - EI_0}{2} \\ D_m = D_0 + \dfrac{ES_0 + EI_0}{2} \end{cases} \tag{3-15}$$

（2）最大实体尺寸　最大实体尺寸（MMS）是指在尺寸公差范围内，且占有材料最多时的尺寸，它是在最大实体状态下的极限尺寸，用 d_M（轴）、D_M（孔）表示。

根据包容要求，最大实体要求常用于对零件配合性质要求不严，但要求顺利保证零件可装配性的场合。为了保证可装配性，要求轴的几何公差（位置度）尽可能小，相同的，如果孔的尺寸很大或者孔的形状很圆（也就是说尺寸形状位置的精度很高），那轴的位置度公差和其他公差相应可以大一些（比如轴可以相应地没那么直或者位置相对偏移一些），这样就可以降低成本，满足可装配性。

简单总结：

对于孔或者槽来说，就是下极限尺寸。

对于轴或者凸台来说，就是上极限尺寸。

假设某设计尺寸原标注为 $D_0{}_{EI_0}^{ES_0}$，则转换成按中差标注的设计尺寸 $D_m{}_{EI_m}^{ES_m}$ 时，最大实体尺寸的设计尺寸标注为 $D_M{}_{EI_M}^{ES_M}$，则

对于轴类，其计算公式为

$$\begin{cases} ES_M = 0 \\ EI_M = -(ES_m - EI_m) \\ D_M = D_m + ES_m \end{cases} \tag{3-16}$$

对于孔类，其计算公式为

$$\begin{cases} ES_M = ES_m - EI_m \\ EI_M = 0 \\ D_M = D_m + EI_m \end{cases} \tag{3-17}$$

中差模型和最大实体尺寸可以根据上述公式进行转化，具体转化流程在很多文献中都有提及，在这里就不赘述了。

对例 3-2 中图 3-10a 所示的模型转换结果如图 3-11 所示。

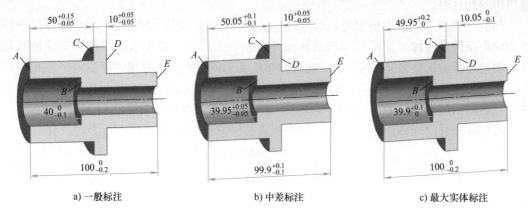

a) 一般标注   b) 中差标注   c) 最大实体标注

图 3-11   不同 MBD 标注原则的模型转换

3.3   基于混合图与尺寸式的工序尺寸计算方法

工艺尺寸关系的表达与计算是工艺设计中的一项重要内容。传统的表达方法是工艺尺寸链，能够表达零件的某个设计尺寸或余量与工序尺寸之间的关系，但对于较复杂的机械加工工艺过程，建立工艺尺寸链时易于出错。近年来应用最广泛的是工艺尺寸图表追踪法、树图法、矩阵法、尺寸式法等研究方法，有些比较适合于加工过程不适合 CAD 设计，或是工艺过程表达不完善、不直观，或是尺寸关系式建立烦琐，或是计算过程复杂，实用性差等。

基于混合图与尺寸式的工艺尺寸计算方法，具有工艺尺寸关系表达完整、直观，计算方便、简洁，不需要求解尺寸方程组，易于计算机实现等特点，可以完整地表达加工过程中的所有工艺信息，包括各个表面的加工顺序、采用的基准及其加工的次数等，又能快速、方便地完成工艺尺寸的计算，并且易于计算机实现。

本节内容采用统一的一个例子（例 3-3）来解释概念和各种尺寸之间的关系。用一个零件的加工工艺过程，来建立尺寸的计算过程、方法和应用。

【例 3-3】   图 3-12 所示为一套类零件，其轴向从左到右由顺序编号为 A、B、C、D、E 的五个几何表面构成。其轴向面的加工工艺过程（忽略径向面加工步骤）如下。

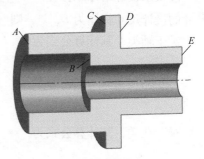

图 3-12   套类零件

1）工序 5 以 A 面定位，粗车 E、D、C、B 面。

2）工序 10 以 C 面定位，精车 E、D 面。

3）工序 15 以 D 面定位，精车 C、A 面。再以 A 面定位，精车 B 面。

4）工序 20 以 D 面定位靠火花磨端面 C。

5）工序 25 以 C 面定位靠火花磨端面 D。

3.3.1　相关概念及表示法

1. 字母代号和加工方向

零件在加工过程中，将零件同一个方向的各表面严格按照字母顺序编号，即为字母代号，用 A、B、C、…编号，如图 3-12 所示。加工方向与字母顺序号方向相同的为正向，用"+"表示，比如图 3-12 中的 A、B、C 面；方向相反的为负向，用"−"表示，比如图 3-12 中的 D、E 面。

2. 工艺代号

零件在加工过程中有不同先后顺序，每个面可能加工不止一次，需要严格按照加工过程顺序编号，用 $i = 1$，2，3，…，n 编号，称为加工工艺过程顺序代号。将字母代号与加工工艺过程顺序代号组合即可简洁的表示出每个面的加工顺序和次数，用工艺代号 X_i 来表示。

比如例 3-3 中第一步加工：工序 5 以 A 面定位，粗车 E、D、C、B 面。

字母代号：A、B、C、D、E。

加工工艺过程顺序代号：粗车 E 面为 1 号，粗车 D 面为 2 号，粗车 C 面为 3 号，粗车 B 面为 4 号。

工艺代号 X_i：E_1、D_2、C_3、B_4。

3. 工序尺寸、设计尺寸和加工余量

工序尺寸 $D(X\text{-}Y)$ 是每道加工工序确定的尺寸，是由基准面 X 和加工面 Y 确定的，表示为 $\boldsymbol{X_i X_j}$，其中 i 为得到此基准面 X 的最后一个加工工艺过程顺序代号，j 为加工面 Y 在该步的加工工艺过程顺序代号，$i<j$。这个尺寸是向量表示，有大小和方向，用粗体表示，也可以表示为代数量，当向量表示中的两字母按顺序表示的，代数量为正，反之为负，如果两字母是相同字母，若该表面加工方向为正，代数量为正，反之为负。

设计尺寸是零件表面加工完成后自然得到的，它的向量表示为 $\boldsymbol{X_i X_j}$，i 和 j 分别是基准面 X 和加工面 Y 加工的最后一个工艺过程顺序代号。

加工余量是零件表面加工过程中，同一个表面被多次加工的尺寸变化量。它的向量表示 $\boldsymbol{X_i X_j}$，i 和 j 分别是 X 被加工两次的两个工艺过程顺序代号，$i<j$。若该表面 X 与加工方向同向时，代数量为正，反之为负。

比如例 3-3 中前两步加工：1）工序 5 以 A 面定位，粗车 E、D、C、B 面；2）工序 10 以 C 面定位，精车 E、D 面。

加工工艺过程有 6 步，可得到几个轴向工序尺寸：$\boldsymbol{A_0 E_1}$、$\boldsymbol{E_1 D_2}$、$\boldsymbol{D_2 C_3}$、$\boldsymbol{C_3 B_4}$、$\boldsymbol{C_3 E_5}$、$\boldsymbol{E_5 D_6}$。分别对应的代数量为：$+A_0 E_1$，$-E_1 D_2$，$-D_2 C_3$，$-C_3 B_4$，$+C_3 E_5$，$-E_5 D_6$。B、E 表面间的设计尺寸为 $\boldsymbol{B_4 E_5}$，代数量为：$+B_4 E_5$。加工工艺过程 1 和 5 都是加工同一个面 E 面，则 E 面在这两步加工后的加工余量为 $\boldsymbol{E_1 E_5}$，E 面与加工方向是相反的，代数量为 $-E_1 E_5$。

3.3.2　工艺过程混合图的建立

1. 工艺过程混合图的绘制

工艺过程混合图简称工艺过程图，是由顶点、带箭头实线弧、不带箭头虚线弧和加工

过程顺序编号共同组成的混合图。

工艺过程图用 $G=(V, E)$ 表示，顶点集 V 由工件表面的所有顶点组成，顶点由加工面和其加工方向组成，即 $v_i=\{$字母顺序编号，加工方向$\}$。

边集 E 中表示表面尺寸关系（包括工序尺寸和设计尺寸），每条边由两表面工艺代号定义，即 $e_i=\{v_{im}, v_{jn}\}$，v_i 表示基准面，v_j 表示加工面，m 表示基准面的加工工艺过程顺序代号，n 表示加工面的加工工艺过程顺序代号。带箭头实线弧从基准面顶点指向加工面顶点，弧上标注此步加工工艺过程顺序代号，不带箭头虚线弧表示连接两个面的设计尺寸。例 3-3 中的混合图按步骤绘制过程如图 3-13 所示。

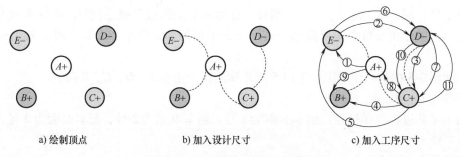

a) 绘制顶点　　　　　　　　b) 加入设计尺寸　　　　　　　c) 加入工序尺寸

图 3-13　混合图按步骤绘制过程

从图 3-13 可以清晰地看出，各加工表面的加工工艺顺序、加工基准、加工次数以及加工工艺代号，包含了全部加工工艺过程及其设计尺寸、工序尺寸、余量信息，可以全方位地反映出零件的完整加工工艺过程。

2. 工艺过程混合图的邻接矩阵表达

零件加工工艺过程图 G 的所有信息可用其邻接矩阵 $\boldsymbol{A}=(a_{ij})_{n\times n}$ 表达，其中 n 为顶点数。

$$\boldsymbol{A}=(a_{ij})_{n\times n}=\begin{matrix}\\ \boldsymbol{A}\\ \vdots\\ （基准面）\end{matrix}\overset{\boldsymbol{A}\quad\cdots\quad（加工面）}{\begin{pmatrix}a_{11} & \cdots & a_{1n}\\ \vdots & & \vdots\\ a_{n1} & \cdots & a_{nn}\end{pmatrix}}$$

其中，由于两表面之间可能存在多次加工，并存在设计尺寸关系，也有可能两表面没有关系，$a_{ij}\in[$加工工艺过程顺序代号，0，$*]$。如果加工过程中两个面 X 和 Y 存在工序尺寸 $\boldsymbol{X}_i\boldsymbol{X}_j$，则 $a_{ij}=$ 加工工艺过程顺序代号；如果两个面 X 和 Y 之间标注设计尺寸，$a_{ij}=*$，但只标注一次设计尺寸关系；如果加工过程中两个面 X 和 Y 不存在尺寸关系，$a_{ij}=0$。

例 3-3 中的零件的加工工艺过程树图对应的邻接矩阵 $\boldsymbol{A}$ 为

$$\boldsymbol{A}=\begin{matrix}A\\B\\C\\D\\E\end{matrix}\overset{\quad A\quad\quad B\quad\quad C\quad\quad\quad D\quad\quad\quad E}{\begin{pmatrix}0 & 9/* & * & 0 & 1/*\\ 0 & 0 & 0 & 0 & 0\\ 8 & 4 & 0 & 11/* & 5\\ 0 & 0 & 3/7/10 & 0 & 0\\ 0 & 0 & 0 & 2/6 & 0\end{pmatrix}}$$

3.3.3　工序尺寸式和工艺尺寸式的建立及应用

1. 工序尺寸式和工艺尺寸式的建立

工序尺寸式是表示工序尺寸均值与设计尺寸及余量均值之间关系的数学关系式。工序尺寸式的一般函数表达式为 $A_工 = f(A_设, A_余)$，其中 $A_工$ 表示工序尺寸均值，是目标尺寸，$A_设$ 与 $A_余$ 表示设计尺寸与余量均值，统称为相关尺寸。

工艺尺寸式是表示设计尺寸或余量与工序尺寸及毛坯尺寸之间关系的数学关系式。工艺尺寸式的一般函数表达式为 $A_{设余} = f(A_毛, A_工)$，其中，$A_{设余}$ 为设计尺寸或余量，因为是必须保证的尺寸，所以称为目标尺寸；$A_工$ 为工序尺寸；$A_毛$ 为毛坯尺寸。因为它们的尺寸与精度将影响目标尺寸，所以统称为相关尺寸。

2. 设计尺寸、余量和工序尺寸的加工工艺过程图的查找和表示

（1）从加工工艺过程图查找　建立工艺尺寸式的前提是从零件加工工艺过程图 G 中准确查找出设计尺寸或余量的所有相关尺寸的顶点及弧形成的子图。查找的步骤如下：

1）找到形成设计尺寸或余量的两个加工表面及其工艺代号。

2）逆加工工艺过程查找形成这两个表面的基准面及其工艺代号。

3）找到的两基准面及其工艺代号作为加工表面，查找形成这两个表面的基准面及其工艺代号，依次进行，直到找到同一个尺寸表面及其相同工艺代号为止。所有查找到的加工表面及其工艺代号都与该设计尺寸或余量相关。

4）形成向量式。

例 3-3 中，设计尺寸 AE，通过步骤 1）得 A_8E_5，通过步骤 2）和步骤 3）找到 C_7A_8、D_6C_7、E_5D_6，得基准面代号 C_7、D_6、E_5，通过步骤 4）形成向量式 $A_8C_7D_6E_5$。

C 面的加工余量，通过步骤 1）得 C_3C_{10} 通过步骤 2）和步骤 3）找到 D_6C_{10}、E_5D_6、C_3E_5，得基准面代号 C_3、E_5、D_6，通过步骤 4）形成向量式 $C_3E_5D_6C_{10}$。

建立工序尺寸式的前提是从零件加工工艺过程图中准确查找出工序尺寸的所有相关尺寸顶点及弧形成的关联图。查找的步骤如下：

1）找到组成工序尺寸的两表面及其工艺代号。

2）在虚线连接的设计尺寸图中找到这两表面为顶点的最短路径，并查找出该路径中作为设计尺寸各表面的工艺代号，将其插入组成该工序尺寸的两工艺代号之间形成工艺代号链。

3）分别对该工艺代号链中的前后两相邻且为相同表面的工艺代号之间查找可能存在的中间工艺代号，最后去掉重复的工艺代号。

4）形成向量式。

例 3-3 中，工序尺寸 A_0E_1，通过步骤 1）得 A_0E_1，通过步骤 2）找到虚线最短路径 $A-E$，找到两个面工序尺寸代号 A_0、E_1，找到两个面设计尺寸代号 A_8、E_5，得到代号链为 A_0、A_8、E_5、E_1，通过步骤 3）找到重复代号，通过步骤 4）形成向量式 $A_0A_8E_5E_1$。

将上述查到的所有尺寸和工艺代号组合可以绘制出工艺过程树图，可以表示出该尺寸的关联图，这些图是整个零件加工工艺过程图的子图，子图的绘制方法和前面绘制总的树图方法一致，在此就不赘述了。

（2）从邻接矩阵查找　与此相对应，从邻接矩阵 A 中找出设计尺寸或余量加工工艺过程图的查找流程如图 3-14 所示。

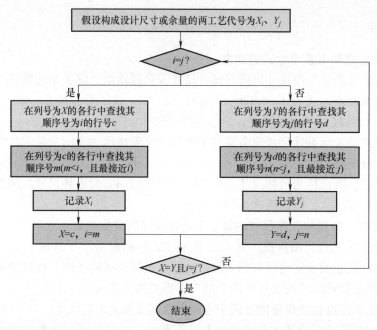

图 3-14 设计尺寸或余量加工工艺过程图的查找流程图

3. 工艺尺寸式和工序尺寸式的建立和应用

（1）尺寸式的建立 前文中通过尺寸查找过程得到的尺寸向量式，可以把由各表面所有的设计尺寸、余量和工序尺寸得到的向量式形成尺寸式组，例 3-3 中所有的设计尺寸、余量和工序尺寸的尺寸式组见式（3-18）~（3-20）。

设计尺寸向量式组：

$$\begin{cases} A_8E_5 \rightarrow A_8C_7D_6E_5 \\ A_8B_9 \rightarrow A_8B_9 \\ A_8C_{10} \rightarrow A_8C_7D_6C_{10} \\ C_{10}D_{11} \rightarrow C_{10}D_{11} \end{cases} \tag{3-18}$$

余量向量式组：

$$\begin{cases} A_0A_8 \rightarrow A_0E_1D_2C_3E_5D_6C_7A_8 \\ B_4B_9 \rightarrow B_4C_3E_5D_6C_7A_8B_9 \\ C_3C_{10} \rightarrow C_3E_5D_6C_{10} \\ D_2D_{11} \rightarrow D_2C_3E_5D_6C_{10}D_{11} \\ E_1E_5 \rightarrow E_1D_2C_3E_5 \end{cases} \tag{3-19}$$

工序尺寸向量式组：

$$\begin{cases} A_0E_1 \rightarrow A_0A_8E_5E_1 \\ E_1D_2 \rightarrow E_1E_5D_6D_2 \\ D_2C_3 \rightarrow D_6D_2C_{10}C_7C_3 \\ C_3B_4 \rightarrow C_3C_7C_{10}B_9B_4 \\ \vdots \end{cases} \tag{3-20}$$

（2）尺寸式的应用　工艺尺寸式可以用来计算设计尺寸或余量的尺寸公差，进而确定相关工序尺寸的公差，并通过上面的向量式组建立关系，公式的正负号规定与前面规定一致。尺寸公差的尺寸式组见式（3-21）~（3-23）。

尺寸公差：

$$\begin{cases} \delta(A_8E_5)=\delta(A_8C_7)+\delta(C_7D_6)+\delta(D_6E_5) \\ \delta(A_8B_9)=\delta(A_8B_9) \\ \delta(A_8C_{10})=\delta(A_8C_7)+\delta(C_7D_6)+\delta(D_6C_{10}) \\ \delta(C_{10}D_{11})=\delta(C_{10}D_{11}) \end{cases} \quad (3\text{-}21)$$

$$\begin{cases} \delta(A_0A_8)=\delta(A_0E_1)+\delta(E_1D_2)+\delta(D_2C_3)+\delta(C_3E_5)+ \\ \qquad\qquad \delta(E_5D_6)+\delta(D_6C_7)+\delta(C_7A_8) \\ \delta(B_4B_9)=\delta(B_4C_3)+\delta(C_3E_5)+\delta(E_5D_6)+\delta(D_6C_7)+ \\ \qquad\qquad \delta(C_7A_8)+\delta(A_8B_9) \\ \delta(C_3C_{10})=\delta(C_3E_5)+\delta(E_5D_6)+\delta(D_6C_{10}) \\ \delta(D_2D_{11})=\delta(D_2C_3)+\delta(C_3E_5)+\delta(E_5D_6)+ \\ \qquad\qquad \delta(D_6C_{10})+\delta(C_{10}D_{11}) \\ \delta(E_1E_5)=\delta(E_1D_2)+\delta(D_2C_3)+\delta(C_3E_5) \end{cases} \quad (3\text{-}22)$$

$$\begin{cases} A_0E_1=A_0A_8+A_8E_5+E_5E_1 \\ E_1D_2=-E_1E_5+E_5D_6+D_6D_2 \\ D_2C_3=D_6D_2+D_2C_{10}+C_{10}C_7+C_7C_3 \\ C_3B_4=-C_3C_7-C_7C_{10}+C_{10}B_9+B_9B_4 \\ \qquad\qquad \vdots \end{cases} \quad (3\text{-}23)$$

3.4　工序 MBD 模型的参数化驱动生成方法

用三维工序模型，即工序 MBD 模型，替代二维工序图，这是全三维数字化工艺设计的基本要求。在 3.2 节解决了设计尺寸的参数化生成方法，因此还需建立表面加工余量与驱动参数即自变量的关系式，找到计算每道工序对应驱动参数值的方法，并结合工艺尺寸式计算得到加工余量，从而实现工序 MBD 模型的自动参数驱动生成。

3.4.1　加工余量与特征参数关系

在零件加工过程中，同一个表面可能被多次加工，因此在每一道工序进行时，引起特征约束尺寸和特征参数即自变量发生变化，特征参数值的变化与表面加工方向及该表面字母代号在特征参数中的位置有关。

在例 3-3 中，将加工余量用向量式表示，如 C_3C_{10}、C_3C_7、C_7C_{10}，表示不同工序过程的加工余量大小和方向，这里需要将其转化为尺寸的代数量 ΔC。在前文中提过，加工余量的向量表示 X_iX_j，i 和 j 分别是 X 被加工两次的两个工艺过程顺序代号，$i<j$。若该表面 X 与加工方向同向时，代数量为正，反之为负。

通过研究发现，特征参数 X 与加工余量之间存在如下变化规律：

1）当该表面加工方向为正向时，特征参数 $X=\{X_1,\ X_2,\ \cdots,\ X_n\}=\{AB,\ BC,\ \cdots\}$，当加工表面字母代号是构成特征参数的首字母时，$X$ 将减小，减小值为余量值；当加工表面字母代号是构成特征参数的末字母时，X 将增大，增大值为余量值。

2）当该表面加工方向为负向时，特征参数 $X=\{X_1,\ X_2,\ \cdots,\ X_n\}=\{AB,BC,\cdots\}$，当加工表面字母代号是构成特征参数的首字母时，$X$ 将增大，增大值为余量值；当加工表面字母代号是构成特征参数的末字母时，X 将减小，减小值为余量值。

在例 3-3 中，求经过整个工序的加工余量代数量 ΔC 对 $X_1=AC$ 和 $X_2=CD$ 的影响。

解： 由于 C 面的加工方向为正向，经过整个工序的加工余量向量式为 C_3C_{10}，代数量为 ΔC。

特征参数 $X_1=AC$，C 是尺寸末字母，$X_1=AC+\Delta C$

特征参数 $X_2=CD$，C 是尺寸首字母，$X_2=CD-\Delta C$

3.4.2 工序 MBD 模型的参数驱动生成过程

1. 工序 MBD 模型参数驱动流程

工序 MBD 模型参数化驱动需要将工艺过程的几何信息和非几何信息编制成各种数据集，然后建立各种集合的关联关系，计算的过程按下述步骤进行：

（1）设计 MBD 模型向工艺 MBD 模型转变　将设计 MBD 模型，根据零件结构特点将零件表面按一定顺序依次用顺序字母编号，然后用这些表面字母代号建立自定义参数名称，再与相应结构特征尺寸关联实现模型的参数化。

（2）工艺 MBD 模型驱动生成工序 MBD 模型　工艺 MBD 模型与工序 MBD 模型之间是对象与实例的关系，工序 MBD 模型是由工艺 MBD 模型参数化驱动生成的，作为体现加工过程某工序技术状态的一个工艺 MBD 模型快照。可根据每道工序的不同技术状态要求从工艺 MBD 模型中动态生成。各工序 MBD 模型之间相互独立，不存在任何关联关系。

工艺 MBD 模型和工序 MBD 模型两者的主要差别如下：

1）在三维工艺设计系统端建立起按工序、工步、工序尺寸组织的工艺过程，工序尺寸用零件基准表面与加工表面字母代号表示，需要建立驱动参数及其与该加工表面工序余量之间的变化关系。

2）工序 MBD 模型是在工艺 MBD 模型中增加缺少标注的工序尺寸，用尺寸式法完成计算，并定制具有每道工序特定显示视角与工序尺寸的工序视图，每个视图只展示和体现本道工序加工完成后的结构特征、形状尺寸和公差要求等技术状态。

三种 MBD 模型的转变过程如图 3-15 所示。

2. 工序 MBD 模型参数驱动计算过程

根据上文的过程，计算按下述具体步骤进行：

1）按工序、工步、工序尺寸及驱动参数变量等建立各种数据集。

工序编号集（m 个）$I=\{1,2,\cdots,m\}$，工步编号集（n 个）$J=\{1,2,\cdots,n\}$，加工余量集（n 个，可以与工步数一致）$\Delta=\{\Delta_1,\Delta_2,\cdots,\Delta_n\}$，工序尺寸编号集（$k$ 个）$K=\{1,2,\cdots,k\}$，驱动参数集（p 个）$X=\{X_1,X_2,\cdots,X_p\}$。

以及前文提出的，顶点集 V，即 $v_i=\{$字母顺序编号，加工方向$\}$；边集 E 表示表面尺

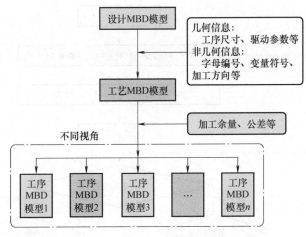

图 3-15 三种 MBD 模型的转变过程

寸关系（包括工序尺寸和设计尺寸），即 $e_i = \{v_{im}, v_{jn}\}$，v_i 表示基准面，v_j 表示加工面，m 表示基准面的加工工艺过程顺序代号，n 表示加工面的加工工艺过程顺序代号。

2）初始值设置：驱动参数的初始值＝零件设计值。

$X_a = \{X_1, X_2, \cdots, X_p\} = \{AB, BC, \cdots\}$，$a$ 为整个加工过程的工步编号，$a = 0, 1, \cdots, p$。其中 0 表示还未加工的步数，即 X_0 表示毛坯 MBD 的特征驱动参数值集合，轴向尺寸的特征驱动参数值可以用两个面的字母代号表示。

3）从最后一道工序开始逆序计算，根据加工余量计算并替换驱动参数 X_a。

计算流程图如下：

假设某零件有 p 个特征驱动参数为 $X_a = \{X_1, X_2, \cdots, X_p\} = \{AB, BC, \cdots\}$，$a = 0, 1, \cdots, p$，计算其 m 道工序中第 i 道工步对应的一组驱动参数值及其工序 MBD 模型生成算法，如图 3-16 所示。

3.4.3 工序 MBD 模型的参数驱动生成实例

如图 3-17 所示，以轴套类零件为例（图 3-17 中标注尺寸为经过下列工序后形成的轴向设计尺寸），其轴向从左到右由顺序编号为 A、B、C、D、E 的五个几何表面构成。其轴向面的加工工艺过程（忽略径向步骤）如下。

1）工序 5 以 A 面定位，粗车 E、D、C、B 面，保证轴向尺寸 A_0E_1、E_1D_2、D_2C_3、C_3B_4。

2）工序 10 以 C 面定位，精车 E、D 面，保证轴向尺寸 C_3E_5、E_5D_6。

3）工序 15 以 D 面定位，精车 C、A 面，保证轴向尺寸 D_6C_7、C_7A_8。再以 A 面定位，精车 B 面，保证轴向尺寸 A_8B_9。

4）工序 20 以 D 面定位靠火花磨端面 C，保证轴向尺寸 D_6C_{10}。

5）工序 25 以 C 面定位靠火花磨端面 D，保证轴向尺寸 $C_{10}D_{11}$。

计算过程：

1）按工序、工步、工序尺寸、加工余量及驱动参数变量等建立各种数据集。

工序编号集 $I = \{1, 2, \cdots, 5\}$，工步编号集 $J = \{0, 1, 2, \cdots, 11\}$（0 表示毛坯），每个工序

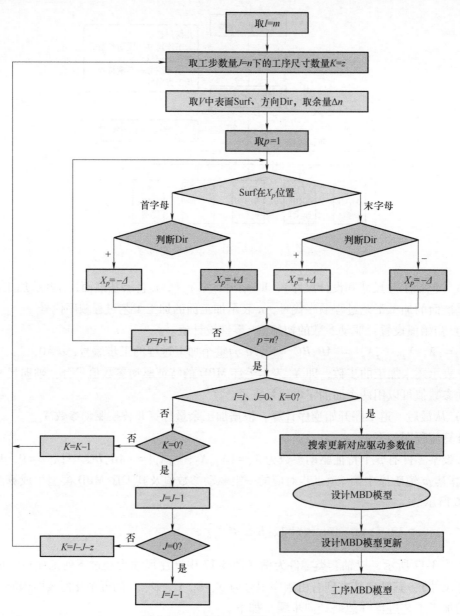

图 3-16 工序 MBD 模型生成流程

下工步数都不同，在这里将工步连续编号 0~11 步。

顶点集 V，即 v_i = {字母顺序编号，加工方向}，

$$V = \begin{pmatrix} A & + \\ B & + \\ C & + \\ D & - \\ E & - \end{pmatrix}$$

边集 E，$e_i = \{v_{im}, v_{jn}\}$，以工序尺寸为例，边集可以从邻接矩阵中获取。

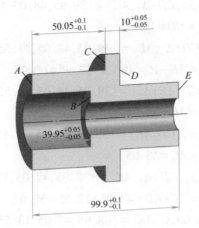

图 3-17　轴套类零件

邻接矩阵：

$$
A = \begin{array}{c|ccccc}
 & A & B & C & D & E \\
\hline
A & 0 & 9/* & * & 0 & 1/* \\
B & 0 & 0 & 0 & 0 & 0 \\
C & 8 & 4 & 0 & 11/* & 5 \\
D & 0 & 0 & 3/7/10 & 0 & 0 \\
E & 0 & 0 & 0 & 2/6 & 0
\end{array}
$$

工序尺寸编号集 $K = \{1, 2, \cdots, n\}$。

驱动参数集 $X_a = \{X_1, X_2, \cdots, X_4\} = \{AB,\ AC,\ CD,\ AE\}$，$a = 0,\ 1,\ 2,\ 3,\ 4$。

2）初始值设置：驱动参数的初始值＝零件设计值。最后一步工序尺寸值也按设计尺寸代入，即

$$X_{11} = \{X_1, X_2, \cdots, X_4\} = \{AB, AC, CD, AE\}$$

3）从最后一道工序开始逆序计算，根据加工余量计算并替换驱动参数 X_a。

驱动参数变化过程如下：

（11 工步）：加工 25 工序后获得设计尺寸，因此根据设计尺寸、加工余量逆序计算出驱动参数和工序尺寸值。

初值：$X_{11} = \{X_1, X_2, \cdots, X_4\} = \{AB, AC, CD, AE\} = \{39.95, 50.05, 10, 99.9\}$

工序尺寸为：$D(C\text{-}D) = 10$

（10 工步）：$X_{10} = \{AB, AC, CD + \Delta_{11}, AE\} = \{39.95, 50.05, 10.1, 99.9\}$

工序尺寸换为：$D(D\text{-}C) = CD = 10.1$

（9 工步）：$X_9 = \{AB, AC - \Delta_{10}, CD + \Delta_{10}, AE\} = \{39.95, 48.05, 10.3, 99.9\}$

工序尺寸换为：$D(A\text{-}B) = AB = 39.95$

（8 工步）：$X_8 = \{AB - \Delta_9, AC, CD, AE\} = \{39.45, 48.05, 10.3, 99.9\}$

工序尺寸换为：$D(D\text{-}A) = AC + CD = 48.05 + 10.3 = 58.35$

（7 工步）：$X_7 = \{AB + \Delta_8, AC + \Delta_8, CD, AE + \Delta_8\} = \{39.95, 48.55, 10.3, 100.4\}$

工序尺寸换为：$D(D\text{-}C) = CD = 10.3$

（6 工步）：$X_6 = \{AB, AC-\Delta_7, CD+\Delta_7, AE\} = \{39.95, 48.05, 10.8, 100.4\}$

工序尺寸换为：$D(C-D) = CD = 10.8$

（5 工步）：$X_5 = \{AB, AC, CD+\Delta_6, AE\} = \{39.95, 48.05, 11.55, 100.4\}$

工序尺寸换为：$D(C-E) = AE-AC = 100.4-39.95 = 60.45$

（4 工步）：$X_4 = \{AB, AC, CD, AE+\Delta_5\} = \{39.95, 48.05, 11.55, 101.15\}$

工序尺寸换为：$D(A-B) = AB = 39.95$

（3 工步）：$X_3 = \{AB-\Delta_4, AC, CD, AE\} = \{38.95, 48.05, 11.55, 101.15\}$

工序尺寸换为：$D(A-C) = AC = 48.05$

（2 工步）：$X_2 = \{AB, AC-\Delta_3, CD+\Delta_3, AE\} = \{38.95, 47.05, 12.55, 101.15\}$

工序尺寸换为：$D(A-D) = AC+CD = 47.05+12.55 = 59.6$

（1 工步）：$X_1 = \{AB, AC, CD+\Delta_2, AE\} = \{38.95, 47.05, 13.55, 101.15\}$

工序尺寸换为：$D(A-E) = AE = 101.15$

（0 工步毛坯）：$X_0 = \{AB, AC, CD, AE+\Delta_1\} = \{38.95, 47.05, 13.55, 102.15\}$

图 3-18 所示为根据本算法最终驱动生成的毛坯及各工序 MBD 模型。零件加工过程中尺寸公差、加工余量、特征值、工序尺寸等参数变化过程见表 3-1。

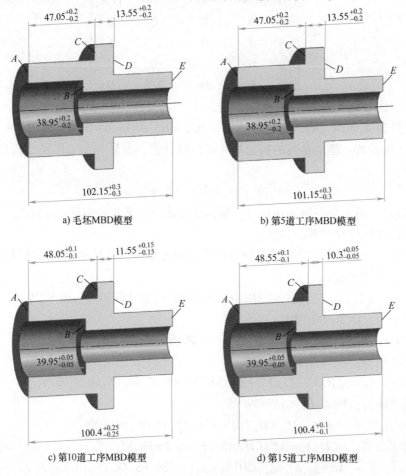

a) 毛坯MBD模型　　　　　　　　b) 第5道工序MBD模型

c) 第10道工序MBD模型　　　　　　d) 第15道工序MBD模型

图 3-18　最终驱动生成的毛坯及各工序 MBD 模型

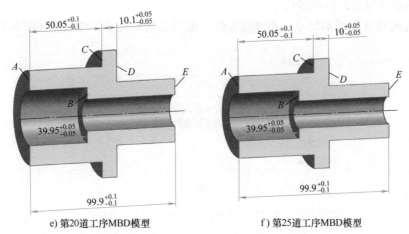

e) 第20道工序MBD模型　　　　　f) 第25道工序MBD模型

图 3-18　最终驱动生成的毛坯及各工序 **MBD** 模型（续）

表 3-1　零件加工过程中尺寸公差、加工余量、特征值、工序尺寸等参数变化过程

工序	工序名称	工序尺寸	加工表面	加工公差	加工余量	影响特征值	加工前数值	加工后数值	工序尺寸值
5	粗车	D(A-E)	E	±0.3	1	AE	102.15	101.15	101.15
		D(A-D)	D	±0.2	1	CD	13.55	12.55	59.6
		D(A-C)	C	±0.2	1	AC	47.05	48.05	48.05
						CD	12.55	11.55	
		D(A-B)	B	±0.2	1	AB	38.95	39.95	39.95
10	精车	D(C-E)	E	±0.15	0.75	AE	101.15	100.4	60.45
		D(C-D)	D	±0.15	0.75	CD	11.55	10.8	10.8
15	精车	D(D-C)	C	±0.1	0.5	AC	48.05	48.55	10.3
						CD	10.8	10.3	
		D(D-A)	A	±0.15	0.5	AB	39.95	39.45	58.35
						AC	48.55	48.05	
						AE	100.4	99.9	
		D(A-B)	B	±0.05	0.5	AB	39.45	39.95	39.95
20	磨	D(D-C)	C	±0.05	0.2	AC	48.05	50.05	10.1
						CD	10.2	10.1	
25	磨	D(C-D)	D	±0.05	0.1	CD	10.1	10	10

3.5　典型零件三维工艺设计实例

3.5.1　轴类零件 MBD 工艺设计实例（花键轴）

（1）案例背景　轴类零件是一种常见的机械零件，支承转动零件并与之一起回转以传

递运动、扭矩或弯矩的机械零件。

（2）几何特征及基本尺寸　花键轴零件三维图及基本尺寸三维标注如图 3-19 所示。

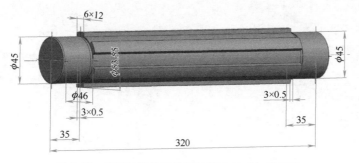

图 3-19　花键轴零件三维图及基本尺寸三维标注

（3）几何公差　花键轴零件三维图及全三维标注如图 3-20 所示，三维标注含义见表 3-2。

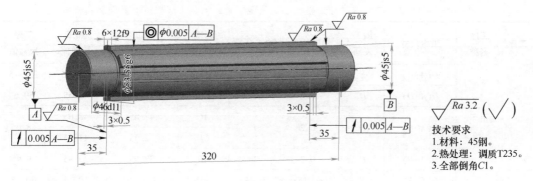

技术要求
1. 材料：45钢。
2. 热处理：调质T235。
3. 全部倒角C1。

图 3-20　花键轴零件三维图及全三维标注

表 3-2　三维标注含义

图示	说明
$\sqrt{Ra\,0.8}$	此图标表示表面粗糙度值为 $Ra0.8\mu m$
$\sqrt{Ra\,3.2}\,(\sqrt{})$	此图标表示除了表面粗糙度值为 $Ra0.8\mu m$ 以外的表面粗糙度值为 $Ra3.2\mu m$
⊚ $\phi0.005$ $A—B$	此图标表示所指圆柱的同轴度为以基准轴线 A 和 B 为轴且直径为 0.005mm 的圆柱体内
∕ 0.005 $A—B$	此图标表示所指平面的圆跳动为以基准轴线 A 和 B 为轴且误差不超过 0.005mm
$\boxed{A}$	此图标表示基准特征符号

（4）设计模型与工序模型关联的框架图　关联设计模型与关联工序模型框架如图 3-21 所示。

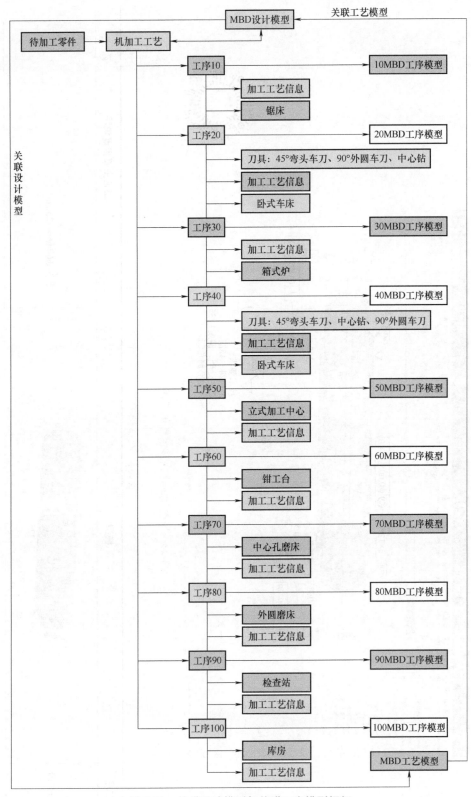

图 3-21　关联设计模型与关联工序模型框架

（5）逆向建模过程 花键轴的逆向建模整体截面图如图 3-22 所示，其逆向建模过程见表 3-3。

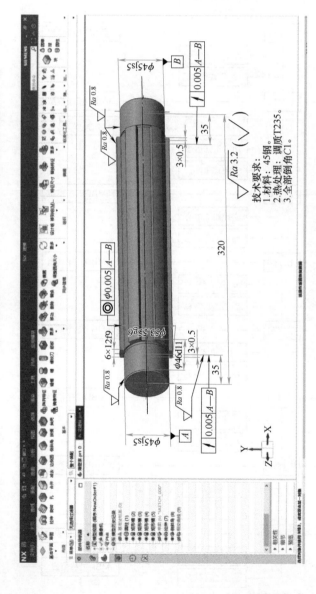

技术要求：
1. 材料：45钢。
2. 热处理：调质T235。
3. 全部倒角C1。

图 3-22 花键轴的逆向建模整体截面图

表 3-3 花键轴的逆向建模过程

工序	模型	工艺主要步骤说明
工序 10		下料 ϕ60mm×325mm

源文件

（续）

工序	模型	工艺主要步骤说明
工序 20	 φ47　35 322　φ56 35　φ47	1. 夹毛坯料的外圆，车端面，见光即可 2. 钻一端中心孔 A2.5/5.3 3. 调头，夹毛坯料的外圆，车端面，保证总长 322mm 4. 钻另一端中心孔 A2.5/5.3 5. 夹毛坯料左端外圆，另一端用顶尖顶住中心孔，粗车 φ45js5 外圆至 φ47mm，长度至 35mm 6. 车 φ53.55g6 外圆至 φ56mm 7. 调头，用自定心卡盘夹 φ45js5 外圆处，另一端用顶尖顶住中心孔，夹紧，车 φ45js5 外圆至 φ47mm，长度至 35mm
工序 30		调质，硬度为 220~250HBW
工序 40	 φ45js5　C1 35　3×0.5 320　φ53.55g6 3×0.5　35 φ45js5　C1	1. 用自定心卡盘夹 φ45js5 外圆处，另一端用顶尖顶住在中心孔，夹紧，在 φ53.55g6 外圆车一段架位，表面粗糙度值为 Ra3.2μm。 2. 在 φ53.55g6 外圆架位处安装中心架，找正，移去顶尖。车端面，保证总长为 321mm 3. 修中心孔至 A3.15/6.7 4. 调头，用自定心卡盘夹 φ45js5 外圆处，另一端用顶尖顶住中心孔，夹紧，在 φ53.55g6 架位处安装中心架，移去顶尖。车端面，保证总长为 320mm 5. 修中心孔至 A3.15/6.7 6. 顶住中心孔，夹紧，移去中心架，车端面，长至 35mm 7. 车 φ53.55g6 外圆，留磨削余量 0.25mm 8. 车 35mm 尺寸，左面留磨削余量 0.10mm 9. 切 3×0.5mm 退刀槽至要求 10. 车外圆倒角 C1 11. 调头，用自定心卡盘夹紧 φ45js5 外圆处，另一端用顶尖顶住中心孔，车 φ45js5，留磨削余量 0.25mm 12. 车 35mm 尺寸，右面留磨削余量 0.10mm 13. 切 3×0.5mm 退刀槽至要求 14. 车外圆倒角 C1

（续）

工序	模型	工艺主要步骤说明
工序 50	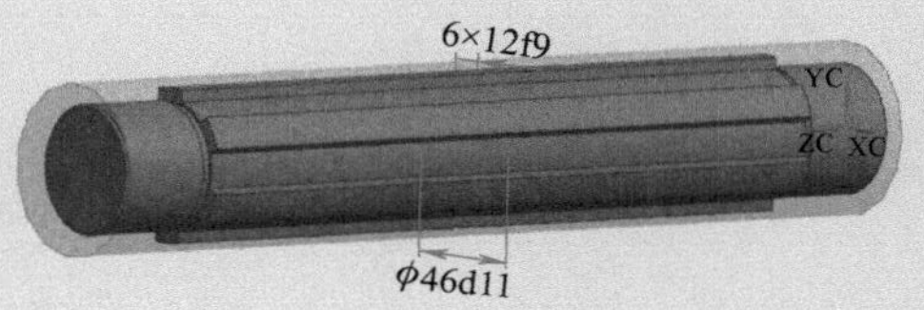	铣外花键至图样要求
工序 60		钳工去刺
工序 70		磨两端中心孔
工序 80	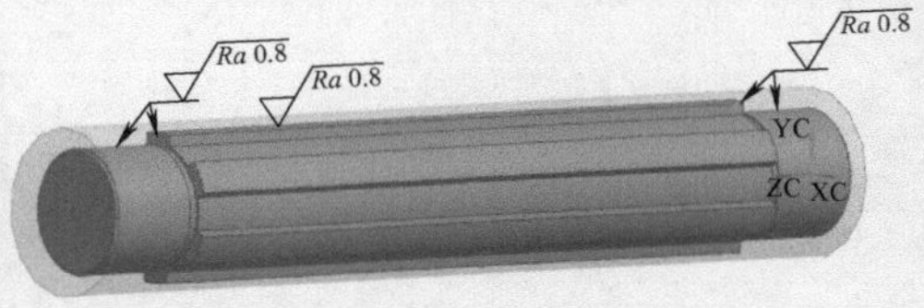	1. 磨左端 φ45js5 外圆至要求，表面粗糙度值为 Ra0.8μm 2. 靠磨 35mm 尺寸右面至要求，表面粗糙度值为 Ra0.8μm 3. 磨右端 φ45js5 外圆至要求，表面粗糙度值为 Ra0.8μm 4. 靠磨 35mm 尺寸左面至要求，表面粗糙度值为 Ra0.8μm 5. 磨 φ53.55g6 外圆至要求，表面粗糙度值为 Ra0.8μm
工序 90	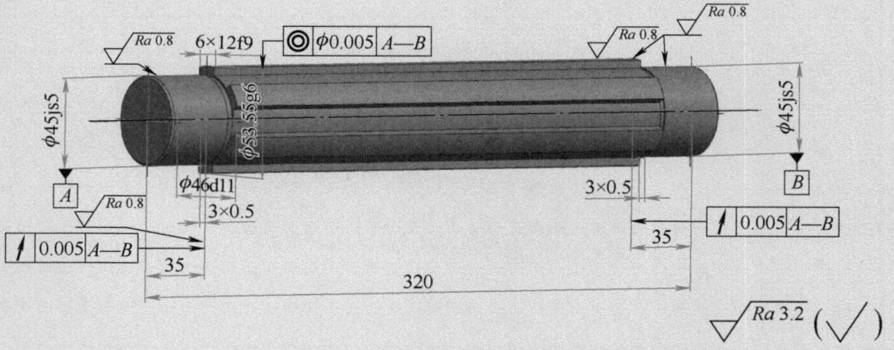	检验各部尺寸、几何公差及表面粗糙度等
工序 100		涂油、包装、入库

3.5.2　套类零件 MBD 工艺设计实例（衬套）

（1）案例背景

1）该零件内孔是基准，尺寸精度和表面质量要求都很高，孔壁又较薄。在精镗时，用专用夹具以外圆定位，用螺母压盖轴向压在 $\phi130\text{mm}$ 端面上，使夹紧力为轴向作用，以避免内孔的变形。

2）为保证衬套上各端面的垂直度、外圆与内孔的同轴度，应把工件安装在心轴上，以内孔作为定位基准，磨削外圆和端面。

（2）几何特征及基本尺寸　衬套零件三维图及基本尺寸三维标注如图 3-23 所示。

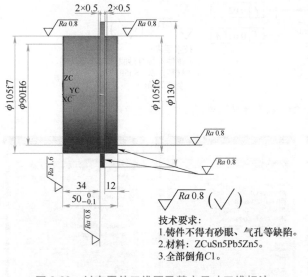

技术要求：
1. 铸件不得有砂眼、气孔等缺陷。
2. 材料：ZCuSn5Pb5Zn5。
3. 全部倒角C1。

图 3-23　衬套零件三维图及基本尺寸三维标注　　　　演示

（3）几何公差　衬套零件三维图及全三维标注如图 3-24 所示，三维标注含义见表 3-4。

表 3-4　三维标注含义

图示	说明
$\sqrt{}\,Ra\,0.8$	此图标为表面粗糙度值为 $Ra0.8\mu\text{m}$
◎ $\phi0.02$ A	此图标为基准面 A 的两个包络整个被测表面的径向差最小的同轴圆柱体的径向间距且误差最大允许值为 $\phi0.02\text{mm}$
$\not{}$ 0.02 A	此图标为以 A 为基准面工件旋转时任意圆周部分的圆跳动
A	此图标为该平面为基准面 A

（4）三维标注步骤　图 3-25a、b、c 所示分别为表面粗糙度、基准特征符号、特征控制框的设置框。

（5）设计模型与工序模型关联的框架图　设计模型与工序模型关联的框架如图 3-26 所示。

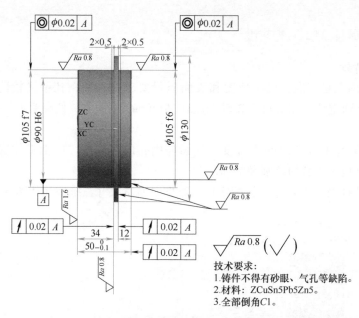

图 3-24　衬套零件三维图及全三维标注

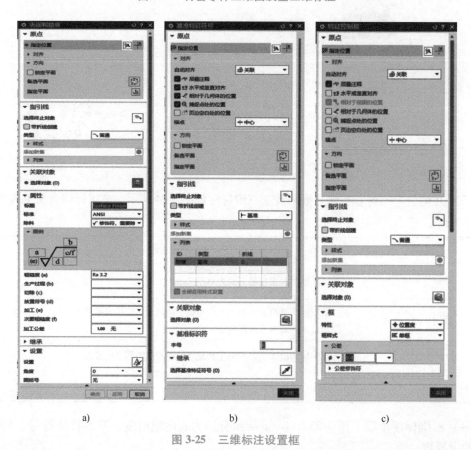

a)

b)

c)

图 3-25　三维标注设置框

（6）逆向建模过程　衬套零件的逆向建模整体截图如图 3-27 所示，其逆向建模过程见表 3-5。

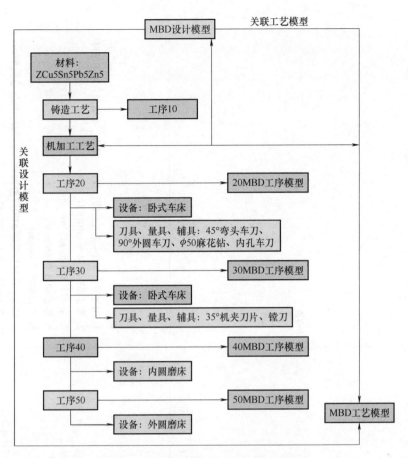

图 3-26　设计模型与工序模型关联的框架

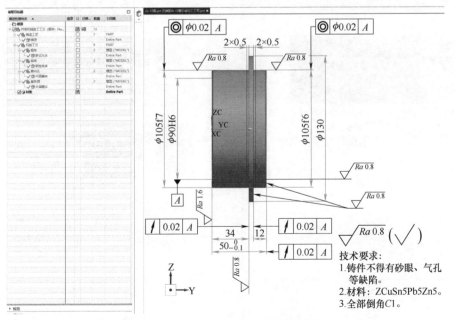

图 3-27　衬套零件的逆向建模整体截图

表 3-5　衬套零件的逆向建模过程

工序	模型	工艺主要步骤说明
工序 10	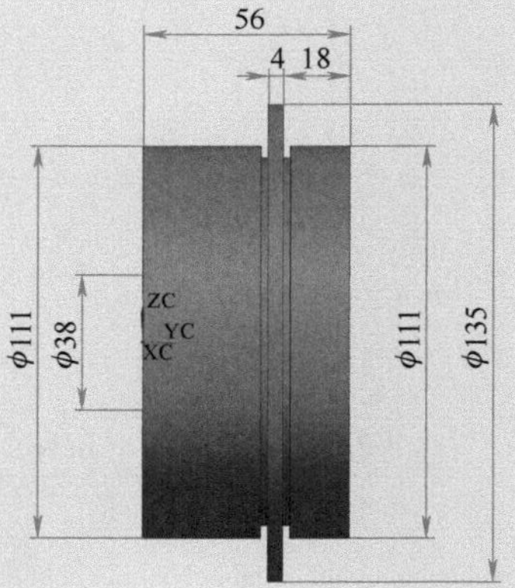	铸造
工序 20	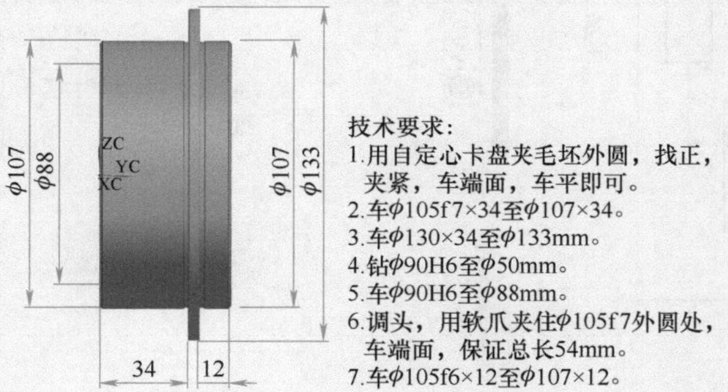 技术要求： 1. 用自定心卡盘夹毛坯外圆，找正，夹紧，车端面，车平即可。 2. 车 φ105f7×34 至 φ107×34。 3. 车 φ130×34 至 φ133mm。 4. 钻 φ90H6 至 φ50mm。 5. 车 φ90H6 至 φ88mm。 6. 调头，用软爪夹住 φ105f7 外圆处，车端面，保证总长 54mm。 7. 车 φ105f6×12 至 φ107×12。	粗车 1. 用自定心卡盘夹毛坯外圆，找正，夹紧，车端面，车平即可 2. 车 φ105f7×34 至 φ107×34 3. 车 φ130×34 至 φ133mm 4. 钻 φ90H6 至 φ50mm 5. 车 φ90H6 至 φ88mm 6. 调头，用软爪夹住 φ105f7 外圆处，车端面，保证总长 54mm 7. 车 φ105f6×12 至 φ107×12

（续）

工序	模型	工艺主要步骤说明
工序 30	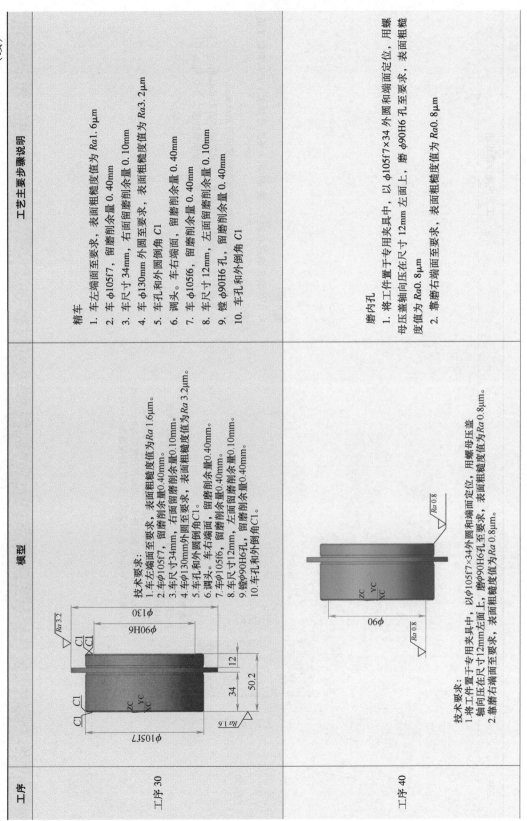 技术要求： 1. 车左端面至要求，表面粗糙度值为 Ra 1.6μm。 2. 车 φ105f7，右磨留磨削余量0.40mm。 3. 车尺寸34mm，右面留磨削至要求。 4. 车 φ130mm 外圆倒角C1。 5. 车孔和外圆倒角C1。 6. 调头。车右端面，留磨削余量0.40mm。 7. 车 φ105f6，留磨削余量0.40mm。 8. 车尺寸12mm，左面留磨削余量0.10mm。 9. 镗 φ90H6孔，留磨削余量0.40mm。 10. 车孔和外倒角C1。	精车 1. 车左端面至要求，表面粗糙度值为 Ra1.6μm 2. 车 φ105f7，右磨留磨削余量 0.10mm 3. 车尺寸 34mm，右面留磨削至要求，表面粗糙度值为 Ra3.2μm 4. 车 φ130mm 外圆倒角 C1 5. 车孔和外圆倒角 C1。 6. 调头。车右端面，留磨削余量 0.40mm 7. 车 φ105f6，留磨削余量 0.40mm 8. 车尺寸 12mm，左面留磨削余量 0.10mm 9. 镗 φ90H6 孔，留磨削余量 0.40mm 10. 车孔和外倒角 C1
工序 40	 技术要求： 1. 将工件置于专用夹具中，以φ105f7×34外圆和端面定位，用螺母压盖轴向压在尺寸12mm左面上，磨φ90H6孔至要求，表面粗糙度值为 Ra 0.8μm。 2. 靠磨右端面至要求，表面粗糙度值为 Ra 0.8μm。	磨内孔 1. 将工件置于专用夹具中，以 φ105f7×34 外圆和端面定位，用螺母压盖轴向压在尺寸 12mm 左面上，磨 φ90H6 孔至要求，表面粗糙度值为 Ra0.8μm 2. 靠磨右端面至要求，表面粗糙度值为 Ra0.8μm

（续）

工序	模型	工艺主要步骤说明

工序 50

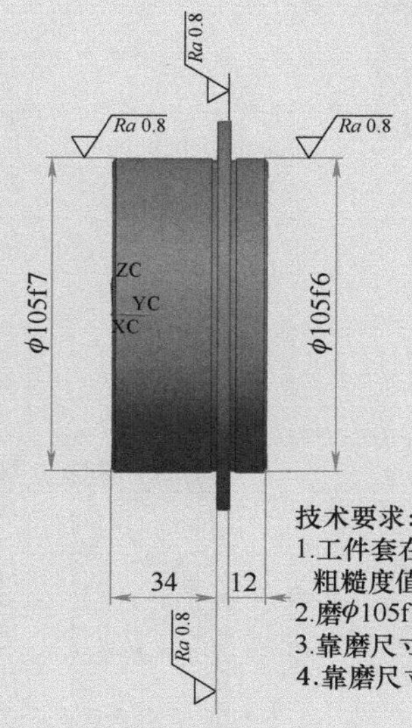

φ105f7

φ105f6

12

34

YC
ZC
XC

Ra 0.8

Ra 0.8

Ra 0.8

技术要求：
1.工件套在锥度心轴上，磨φ105f7外圆至要求，表面粗糙度值为Ra 0.8μm。
2.磨φ105f6外圆至要求，表面粗糙度值为Ra 0.8μm。
3.靠磨尺寸34mm右面至要求，表面粗糙度值为Ra 0.8μm。
4.靠磨尺寸34mm左面至要求，表面粗糙度值为Ra 0.8μm。

磨外圆
1. 工件套在锥度心轴上，磨 φ105f7 外圆至要求，表面粗糙度值为 Ra0.8μm。
2. 磨 φ105f6 外圆至要求，表面粗糙度值为 Ra0.8μm。
3. 靠磨尺寸 34mm 右面至要求，表面粗糙度值为 Ra0.8μm。
4. 靠磨尺寸 34mm 左面至要求，表面粗糙度值为 Ra0.8μm。

3.5.3　盘类零件 MBD 工艺设计实例（飞轮）

（1）案例背景　飞轮材料为 HT200，飞轮为铸件，在加工时应照顾各部加工余量，避免加工后造成壁厚不均匀，如果铸件毛坯质量较差，应增加划线工序。

（2）几何特征及基本尺寸　飞轮零件三维图及基本尺寸三维标注如图 3-28 所示。

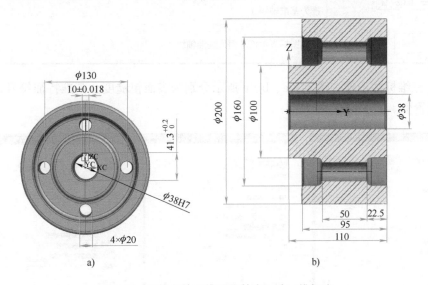

图 3-28　飞轮零件三维图及基本尺寸三维标注

（3）几何公差　飞轮零件三维图及全三维标注如图 3-29 所示，三维标注含义见表 3-6。

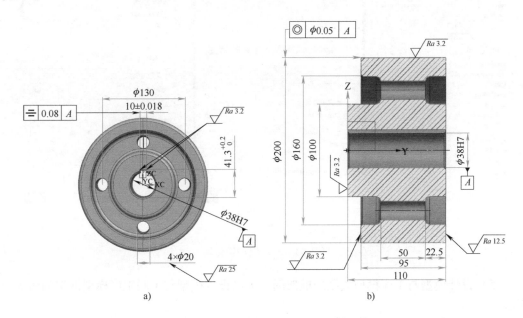

图 3-29　飞轮零件三维图及全三维标注

表 3-6 三维标注含义

图示	说明
$\sqrt{}\, Ra\, 25$	此图标表示表面粗糙度值为 $Ra25\mu m$
$\equiv\ \|0.08\|A\|$	此图标表示指示箭头指示的键槽两表面的对称度误差最大允许值为 0.08，其基准为基准轴线 A
$\boxed{A}$	此图标表示该平面为基准轴线 A

（4）三维标注步骤 图 3-30a、b、c 所示分别为表面粗糙度、基准特征符号、特征控制框的设置框。

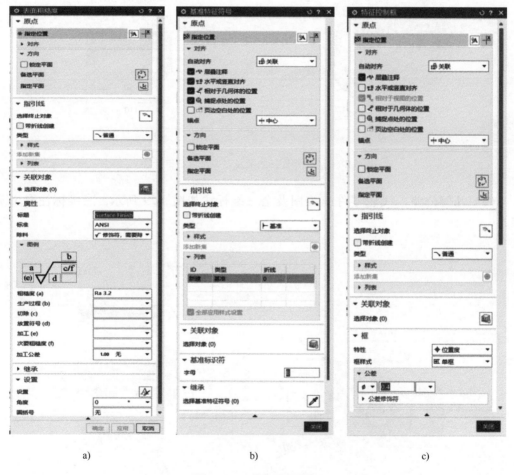

a)   b)   c)

图 3-30 三维标注设置框

（5）设计模型与工序模型关联的框架图 关联设计模型与关联工序模型框架如图 3-31 所示。

（6）逆向建模过程 飞轮零件的逆向建模整体截图如图 3-32 所示，其逆向建模过程见表 3-7。

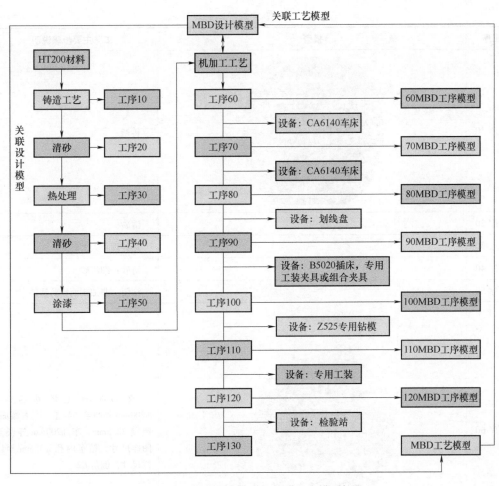

图 3-31　关联设计模型与关联工序模型框架

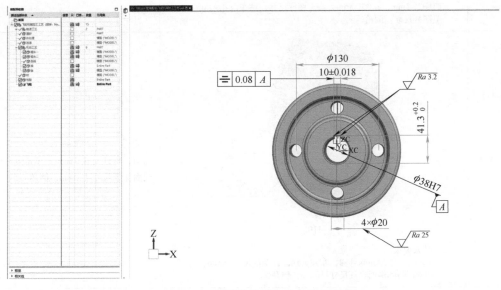

图 3-32　飞轮零件的逆向建模整体截图

表 3-7　飞轮零件的逆向建模过程

工序	模型	工艺主要步骤说明
工序 10		铸造
工序 20	—	清砂
工序 30	—	热处理：人工时效
工序 40	—	清砂：细清砂
工序 50	—	涂漆：非加工面涂防锈漆
工序 60	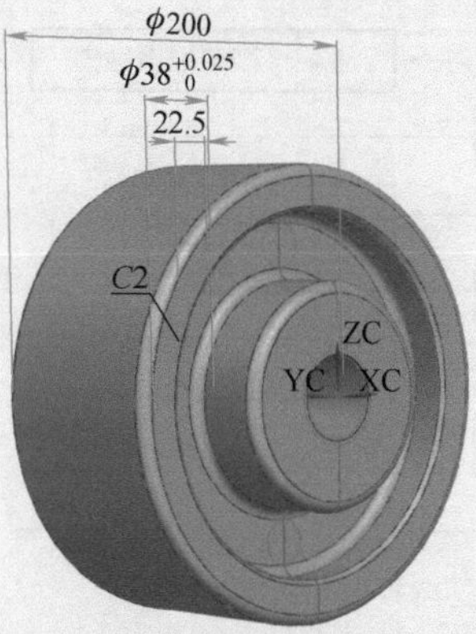 技术要求： 夹ϕ100mm毛坯外圆，以ϕ200mm外圆毛坯找正，车右端面，照顾22.5mm，车ϕ200mm外圆至图样尺寸，钻车内孔ϕ38mm至图样尺寸，倒角$C2$。	夹 ϕ100mm 毛坯外圆，以ϕ200mm 外圆毛坯找正，车右端面，照顾 22.5mm，车 ϕ200mm 外圆至图样尺寸，钻车内孔 ϕ38mm 至图样尺寸，倒角 $C2$
工序 70	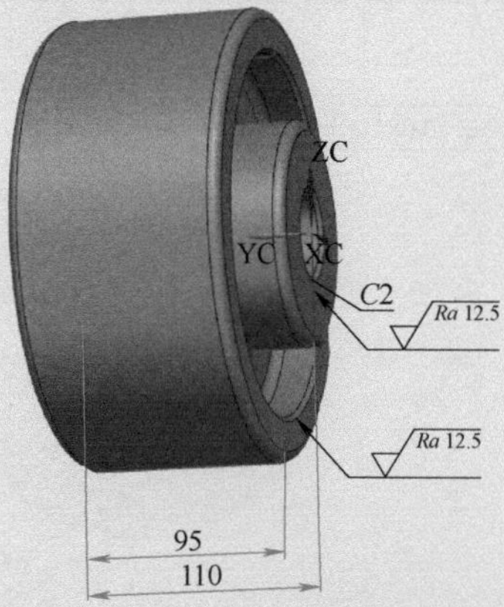 技术要求： 调头，夹ϕ200mm外圆，车左大端面，保证尺寸95mm，车ϕ100mm端面保证尺寸110mm，倒角$C2$。	调头，夹 ϕ200mm 外圆，车左大端面，保证尺寸 95mm，车 ϕ100mm 端面保证尺寸 110mm，倒角 $C2$

（续）

工序	模型	工艺主要步骤说明
工序 80	—	在 ϕ100mm 的端面上划 10 ± 0.018mm 键槽线
工序 90	技术要求： 以ϕ200mm外圆及右端面定位，按ϕ38mm内孔中心线找正，装夹工件，插10±0.018mm键槽。	以 ϕ200mm 外圆及右端面定位，按 ϕ38mm 内孔中心线找正，装夹工件，插 10±0.018mm 键槽
工序 100	技术要求： 以ϕ200mm外圆及一端面定位，10±0.018mm键槽定向钻4个ϕ20mm孔。	以 ϕ200mm 外圆及一端面定位，10 ± 0.018mm 键槽定向钻 4 个 ϕ20mm 孔
工序 110	—	零件静平衡检查
工序 120	—	按图样要求，检查各部尺寸及精度
工序 130	—	入库

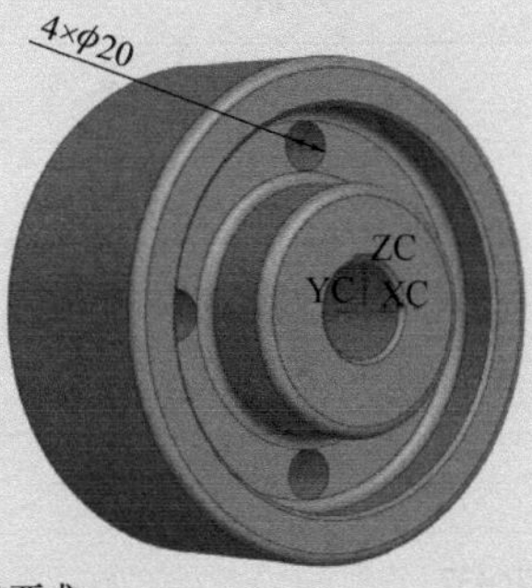

3.6　课后实践：根据加工工艺过程卡构建 MBD 工序模型

3.6.1　轴的 MBD 工序模型构建

轴零件三维图及全三维标注如图 3-33 所示，轴机械加工工艺卡见表 3-8。

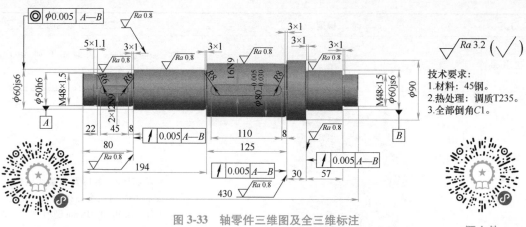

技术要求：
1. 材料：45钢。
2. 热处理：调质T235。
3. 全部倒角C1。

图 3-33   轴零件三维图及全三维标注

演示   源文件

表 3-8   轴机械加工工艺卡   （单位：mm）

零件名称	毛坯种类	材料	生产类型
轴	圆钢	45 钢	小批量

工序	工步	工序内容	设备	刀具、量具、辅具
10		下料 φ100×435	锯床	
		粗车	卧式车床	
	1	夹坯料的外圆，车端面，见光即可		45°弯头车刀
	2	钻一端中心孔 A3.15/6.7		中心钻
	3	调头，夹坯料的外圆，车端面，保证总长为 432		45°弯头车刀
	4	钻另一端中心孔 A3.15/6.7		中心钻
	5	夹坯料左端外圆，另一端用顶尖顶住中心孔，车 M48× 1.5，外圆至 φ50，长度至 24		90°外圆车刀
20	6	车 φ60js6 外圆至 φ62，长度至 57		90°外圆车刀
	7	车 φ90 外圆至 φ92，长度至 32		90°外圆车刀
	8	车 φ80$_{-0.030}^{-0.005}$ 外圆至 φ82，长度至 125		90°外圆车刀
	9	调头，用自定心卡盘夹 M48×1.5 外圆处，另一端用顶尖顶住中心孔，夹紧，车 M48×1.5 外圆至 φ50，长度至 22		90°外圆车刀
	10	车 φ50h6 外圆至 φ52，长度至 58		90°外圆车刀
	11	车 φ60js6 外圆至 φ62，长度至 114		90°外圆车刀
30		热处理：调质，硬度为 220~250HBW	箱式炉	

（续）

工序	工步	工序内容	设备	刀具、量具、辅具
40		精车	数控车床	
	1	用自定心卡盘夹 M48×1.5 外圆处，另一端用顶尖顶住中心孔，夹紧，在 φ60js6 外圆车一段架位，表面粗糙度值为 Ra3.2μm		35°机夹刀片
	2	在 φ60js6 外圆架位上装上中心架，找正，移去顶尖。车端面，保证总长为 431		35°机夹刀片
	3	修中心孔至 A4/8.5		中心钻
	4	调头，用自定心卡盘夹 M48×1.5 外圆处，另一端用顶尖顶住中心孔，夹紧，在 φ60js6 外圆架位上装上中心架，找正，移去顶尖。车端面，保证总长为 430		35°机夹刀片
	5	修中心孔至 A4/8.5		中心钻
	6	顶住中心孔，夹紧，移去中心架，车 M48×1.5 螺纹孔		螺纹车刀
	7	车 φ50h6 外圆，留磨削余量 0.25		35°机夹刀片
	8	车 φ60js6 外圆，留磨削余量 0.25		35°机夹刀片
	9	车 $\phi80_{-0.030}^{-0.005}$ 外圆，留磨削余量 0.25		35°机夹刀片
	10	车 80 尺寸，右面留切削余量 0.10		35°机夹刀片
	11	车 194 尺寸		35°机夹刀片
	12	车 125 尺寸，右面留切削余量 0.10		35°机夹刀片
	13	车 5×1.1 尺寸退刀槽至要求		切槽刀
	14	切 3×1 尺寸退刀槽至要求		切槽刀
	15	车外圆倒角 C1		35°机夹刀片
	16	铣 2×12N9 键槽至要求，表面粗糙度值为 Ra3.2μm		键槽铣刀
	17	铣 16N9 键槽至要求，表面粗糙度值为 Ra3.2μm		键槽铣刀
	18	调头，用自定心卡盘夹 M48×1.5 外圆处，另一端用顶尖顶住中心孔，夹紧，车 M48×1.5 螺纹孔		螺纹车刀
	19	车 φ60js6 外圆，留磨削余量 0.25		35°机夹刀片
	20	车 φ90 外圆至要求，表面粗糙度值为 Ra3.2μm		35°机夹刀片
	21	车 57 尺寸，右面表面粗糙度值为 Ra3.2μm		35°机夹刀片
	22	车 57 尺寸，左面留磨削余量 0.10		35°机夹刀片
	23	切 3×1 尺寸的退刀槽至要求		切槽刀
	24	车外圆倒角 C1		35°机夹刀片
50		磨两端中心孔	中心孔磨床	

（续）

工序	工步	工序内容	设备	刀具、量具、辅具
		磨外圆、靠端面	外圆磨床	
	1	磨 ϕ50h6 外圆至要求，表面粗糙度值为 $Ra0.8\mu m$		
	2	磨左端 ϕ60js6 外圆至要求，表面粗糙度值为 $Ra0.8\mu m$		
	3	磨 $\phi80_{-0.020}^{-0.005}$ 外圆至要求，表面粗糙度值为 $Ra0.8\mu m$		
60	4	靠磨 80 尺寸右面至要求，表面粗糙度值为 $Ra0.8\mu m$		
	5	靠磨 125 尺寸右面至要求，表面粗糙度值为 $Ra0.8\mu m$		
	6	调头，磨右端 ϕ60js6 外圆至要求，表面粗糙度值为 $Ra0.8\mu m$		
	7	靠磨 57 尺寸左面至要求，表面粗糙度值为 $Ra0.8\mu m$		
70		检验：检验各部分尺寸、几何公差及表面粗糙度等	检验站	
80		涂油、包装、入库	库房	

3.6.2 磨床主轴的 MBD 工序模型构建

磨床主轴的三维图及全三维标注如图 3-34 所示，磨床主轴机械加工工艺卡见表 3-9。

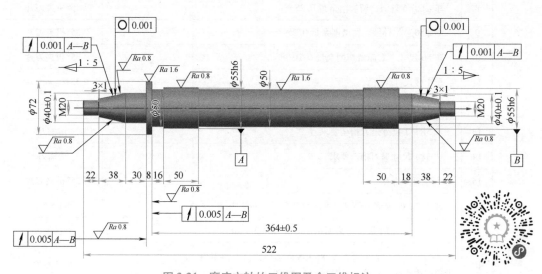

图 3-34 磨床主轴的三维图及全三维标注

源文件

表 3-9 磨床主轴机械加工工艺卡 （单位：mm）

零件名称		毛坯种类	材料	生产类型
磨床主轴		锻件	38CrMoAlA 钢	小批量
工序	工步	工序内容	设备	刀具、量具、辅具
10		锻造	锻压机床	
20		热处理：正火	箱式炉	
30		钻孔：自划线，在一端钻中心孔 A2.5/5.3	钻床	中心钻

（续）

工序	工步	工序内容	设备	刀具、量具、辅具
40		粗车	卧式车床	
	1	用自定心卡盘夹毛坯料的外圆一端，另一端用顶尖顶住，夹紧，车 M20 外圆至 $\phi25$		90°外圆车刀
	2	车 $\phi40\pm0.1$ 外圆至 $\phi43$		90°外圆车刀
	3	车锥圆至 $\phi43$		90°外圆车刀
	4	车 $\phi55h6$ 外圆至 $\phi58$（两处）		90°外圆车刀
	5	车 $\phi50$ 外圆至 $\phi58$		90°外圆车刀
	6	车 $\phi72$ 外圆至 $\phi75$		90°外圆车刀
	7	调头，用自定心卡盘 $\phi40\pm0.1$ 外圆处找正，夹紧，车端面，保证总长为 526		45°外圆车刀
	8	车 M20 外圆至 $\phi25$		90°外圆车刀
	9	车 $\phi40\pm0.1$ 外圆至 $\phi43$		90°外圆车刀
	10	车锥圆至 $\phi43$		90°外圆车刀
	11	夹 $\phi40\pm0.1$ 外圆，中心架置于 $\phi55h6$ 处，找正，车左端面		45°外圆车刀
50		精车		
	1	夹左端，顶右端，车 M20 外圆至 $\phi20^{-0.10}_{-0.15}$		35°机夹刀片
	2	车 M20 螺纹孔		螺纹车刀
	3	车 $\phi40\pm0.1$ 外圆，留磨削余量 0.60		35°机夹刀片
	4	车 1:5 锥圆留磨削余量 0.60		35°机夹刀片
	5	车 $\phi55h6$ 外圆留磨削余量 0.60（两处）		35°机夹刀片
	6	车 $\phi50$ 外圆至要求，表面粗糙度值为 $Ra1.6\mu m$		35°机夹刀片
	7	车 $\phi72$ 外圆至要求，表面粗糙度值为 $Ra1.6\mu m$		35°机夹刀片
	8	车尺寸 8，右面留磨削余量 0.10		35°机夹刀片
	9	调头，用自定心卡盘夹 $\phi40\pm0.1$ 外圆处，中心架置于 $\phi55h6$ 外圆处，找正，夹紧，车端面，保证总长为 522		35°机夹刀片
	10	钻中心孔 A2.5/5.3		中心钻
	11	用自定心卡盘夹 $\phi40\pm0.1$ 外圆处，另一端用顶尖顶住，夹紧，车 M20 至 $\phi20^{-0.10}_{-0.15}$		35°机夹刀片
	12	车 M20 螺纹孔		35°机夹刀片
	13	车 $\phi40\pm0.1$ 外圆，留磨削余量 0.60		35°机夹刀片
	14	车 1:5 锥圆，留磨削余量 0.60		35°机夹刀片
	15	车尺寸 8，左面留磨削余量 0.10		35°机夹刀片
60		磨两端中心孔		
70		磨外圆		
	1	磨 $\phi40\pm0.1$ 外圆，留磨削余量 0.10~0.12（两处）		
	2	磨 1:5 锥圆，留磨削余量 0.10~0.12（两处）		
	3	磨 $\phi55h6$ 外圆，留磨削余量 0.10~0.12（两处）		
	4	靠磨尺寸 8 左面至要求，表面粗糙度值为 $Ra0.8\mu m$		
	5	靠磨尺寸 8 右面至要求，表面粗糙度值为 $Ra0.8\mu m$		

（续）

工序	工步	工序内容	设备	刀具、量具、辅具
80		热处理：渗氮层深度为 0.45~0.65，硬度≥760HBW 要求：M20 螺纹防渗氮	渗氮炉	
90		磨两端中心孔	中心孔磨床	
100		精磨外圆	数控外圆磨床	
	1	磨 $\phi40\pm0.1$ 外圆，留磨削余量 0.05		
	2	磨 1:5 锥圆留磨削余量 0.05		
	3	磨 $\phi55h6$ 外圆，留磨削余量 0.05		
110		热处理：油煮定性	油炉	
120		精磨外圆	数控外圆磨床	
	1	磨 $\phi40\pm0.1$ 外圆至要求，表面粗糙度值为 $Ra0.8\mu m$		
	2	磨 1:5 锥圆（两处）至要求，表面粗糙度值为 $Ra0.8\mu m$		
	3	磨 $\phi55h6$ 外圆（两处）至要求，表面粗糙度值为 $Ra0.8\mu m$		
130		检验		
	1	检验各外圆尺寸	千分尺等	
	2	检验各几何公差		
	3	检验表面粗糙度	表面粗糙度仪	
140		涂油、包装		
150		入库		

3.6.3 偏心轴的 MBD 工序模型构建

偏心轴的三维图及全三维标注如图 3-35 所示，偏心轴机械加工工艺卡见表 3-10。

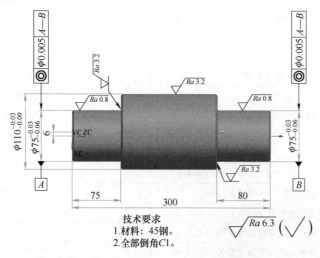

技术要求
1. 材料：45钢。
2. 全部倒角C1。

图 3-35   偏心轴的三维图及全三维标注

源文件

表 3-10　偏心轴机械加工工艺卡　　　　　　　　　　　（单位：mm）

零件名称		毛坯种类	材料	生产类型
偏心轴		圆钢	45 钢	小批量

工序	工步	工序内容	设备	刀具、量具、辅具
10		下料 φ120×305	锯床	
20		铣两端面，保证总长 300，钻中心孔和偏心中心孔	卧式车床	
30		车 φ110 外圆	数控车床	
	1	夹胚料的外圆一端，另一端用顶尖顶住中心孔，夹紧，粗车 φ100 外圆至 φ110，长至卡爪		35° 机夹刀片
	2	精车 φ110 外圆至要求，长至卡爪，表面粗糙度值为 Ra3.2μm		35° 机夹刀片
40		车 φ75 外圆、端面、倒角	数控车床	
	1	装上拨盘，两端用顶尖顶住偏心中心孔，工件外圆未加工端在外，将鸡心夹头装在已加工外圆端，用拨盘带动鸡心夹头和工件旋转，在偏心的对称方向上加配重，粗车 φ75 外圆至 φ76，长 74.5		35° 机夹刀片
	2	精车 φ75 外圆，留磨削余量 0.50，长 74.5		35° 机夹刀片
	3	车 φ110 端面至要求，保证尺寸 75，表面粗糙度值为 Ra3.2μm		35° 机夹刀片
	4	车 φ75 外圆倒角 C2		35° 机夹刀片
	5	调头，装夹方法同上。粗车 φ75 外圆至 φ76，长 79.5		35° 机夹刀片
	6	精车 φ75 外圆，留磨削余量 0.05，长 79.5		35° 机夹刀片
	7	车 φ75 端面至要求，保证尺寸 80，表面粗糙度值为 Ra3.2μm		35° 机夹刀片
	8	车 φ75 外圆倒角 C2		35° 机夹刀片
	9	重新装夹，两端用顶尖顶住中心孔，将鸡心夹头装在 φ75 外圆端，用拨盘带动鸡心夹头和工件旋转，φ110 外圆两端倒角 C2		35° 机夹刀片
50		磨 φ75 外圆（两处）至要求，表面粗糙度值为 Ra0.8μm		外圆磨床
60		检验	检验站	
70		涂油、包装		

3.6.4　细长轴的 MBD 工序模型构建

细长轴的三维图及全三维标注如图 3-36 所示，细长轴机械加工工艺卡见表 3-11。

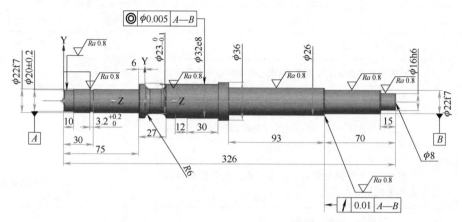

图 3-36　细长轴的三维图及全三维标注

表 3-11　细长轴机械加工工艺卡 （单位：mm）

零件名称		毛坯种类	材料	生产类型
细长轴		圆钢	GCr15 钢	小批量
工序	工步	工序内容	设备	刀具、量具、辅具
10		使用锯床切割	锯床	
20		车	卧式车床	
	1	车外圆至 $\phi37$		90°外圆车刀
	2	车总长至 328		45°弯头车刀
30		钻 $\phi8$ 通孔	深孔钻	
40		车	数控车床	
	1	夹已车过外圆，顶一端，车一架位		35°机夹刀片
	2	夹已车过外圆，在外圆架位处装上中心架，找正，移去顶尖，车右端内孔 60°坡口，车右端面至要求		35°机夹刀片
	3	车 $\phi16h6$ 外圆，留磨削余量 0.5		35°机夹刀片
	4	车 M20×1.5 螺纹外圆至 $\phi23$		35°机夹刀片
	5	车 $\phi20\pm0.2$ 外圆，留磨削余量 0.50		35°机夹刀片
	6	车 $\phi26$ 外圆，留磨削余量 0.20		35°机夹刀片
	7	车 $\phi36$ 外圆至图样要求，表面粗糙度值为 $Ra3.2\mu m$		35°机夹刀片
	8	调头，夹 $\phi16h6$ 外圆，顶左端，在 $\phi22f7$ 外圆处车一架位		35°机夹刀片

（续）

工序	工步	工序内容	设备	刀具、量具、辅具
40	9	夹已车过的外圆，在外圆架位处装上中心架，找正，移去顶尖。车左端内孔 60°坡口，车左端面至要求，保证总长 326		35°机夹刀片
	10	车 $\phi20\pm0.2$ 外圆，留磨削余量 0.20		35°机夹刀片
	11	车 $\phi22f7$ 外圆，留磨削余量 0.50		35°机夹刀片
	12	车 $\phi32e8$ 外圆，留磨削余量 0.30		35°机夹刀片
	13	车 $\phi23_{-0.1}^{\ 0}$ 尺寸至图样要求，表面粗糙度值为 $Ra3.2\mu m$		35°机夹刀片
	14	车 $R3$、$R5$ 圆弧，表面粗糙度值为 $Ra3.2\mu m$		圆弧车刀
	15	车 3.2×1 槽，表面粗糙度值为 $Ra3.2\mu m$		切槽刀
	16	车外圆倒角 $C1$		35°机夹刀片
	17	铣 2×6P9 键槽至图样要求，表面粗糙度值为 $Ra3.2\mu m$		键槽铣刀
50		热处理		
	1	淬火并回火后硬度为 60~65HRC		
	2	喷砂		
	3	矫直至 0.1 以内		
60		磨两端 60°坡口		
70		车		
	1	车 M20×1.5 螺纹外圆至 $\phi20_{-0.15}^{-0.10}$		35°机夹刀片
	2	车 M20×1.5 螺纹至图样要求		螺纹车刀
80		磨外圆	数控外圆磨床	
	1	磨 $\phi16h6$ 外圆至图样要求，表面粗糙度值为 $Ra0.8\mu m$		
	2	磨 $\phi20\pm0.005$ 外圆至图样要求，表面粗糙度值为 $Ra0.8\mu m$		
	3	磨 $\phi26$ 外圆至图样要求，表面粗糙度值为 $Ra0.8\mu m$		
	4	磨 $\phi20\pm0.2$ 外圆至图样要求，表面粗糙度值为 $Ra0.8\mu m$		
	5	磨 $\phi22f7$ 外圆至图样要求，表面粗糙度值为 $Ra0.8\mu m$		
	6	磨 $\phi32e8$ 外圆至图样要求，表面粗糙度值为 $Ra0.8\mu m$		
	7	靠磨 70 尺寸左面成，表面粗糙度值为 $Ra0.8\mu m$		
90		$R3$、$R5$ 圆弧处抛光	车床	
100		检验：填写检验记录	检验站	
110		涂油、包装		

3.6.5　端盖的 MBD 工序模型构建

端盖零件三维图及全三维标注如图 3-37 所示，端盖机械加工工艺卡见表 3-12。

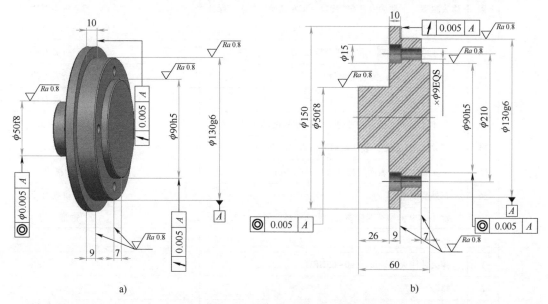

a)　　　　　　　　　　　　　　　　　b)

图 3-37　端盖零件三维图及全三维标注

表 3-12　端盖机械加工工艺卡 （单位：mm）

零件名称		毛坯种类	材料	生产类型
端盖		圆钢	45 钢	小批量
工序	工步	工序内容	设备	刀具、量具、辅具
10		使用锯床切 φ160×65 圆柱	锯床	
20		粗车	卧式车床	
	1	夹坯料外圆，车端面，见平即可		45°弯头车刀
	2	车由 φ50f8 外圆至 φ52，长度 26		90°外圆车刀
	3	调头，夹 φ50f8 外圆车端面，保证总长 62		45°弯头车刀
	4	车 φ90h5 外圆至 φ92，长度 7		90°外圆车刀
	5	车 φ130g6 外圆至 φ132		90°外圆车刀
	6	车 φ150 外圆至 φ152，长度 11		90°外圆车刀
30		精车	卧式车床	
	1	夹 φ130g6 外圆，找正 φ50f8 外圆，夹紧车左端面至要求，表面粗糙度值为 Ra3.2μm		45°弯头车刀
	2	钻中心孔 A2.5/5.3		中心钻
	3	车 φ50f8 外圆留磨削余量 0.30，长度 26		90°外圆车刀
	4	车外圆倒角 C1		45°弯头车刀
	5	调头，夹 φ50f8 外圆，找正，夹紧，车端面，保证总长 60，表面粗糙度值为 Ra3.2μm		45°弯头车刀
	6	钻中心孔 A2.5/5.3		中心钻

（续）

工序	工步	工序内容	设备	刀具、量具、辅具
30	7	车 φ90h5 外圆，留磨削余量 0.30		90°外圆车刀
	8	车尺寸 7 左面留磨削余量 0.10		45°弯头车刀
	9	车 φ130g6 外圆留磨削余量 0.30		90°外圆车刀
	10	车尺寸 9，右面留磨削余量 0.10		45°弯头车刀
	11	车 φ150 外圆至要求表面粗糙值为 $Ra3.2\mu m$		90°外圆车刀
	12	车外圆倒角 C1		45°弯头车刀
40		钻孔	钻床	
	1	钻 4×φ9 孔	钻床	φ9 麻花钻
	2	锪 4×φ15 孔		φ15 锪钻
50		热处理：φ50f8 外圆高频感应淬火并回火，硬度为 48~53HRC	高频感应淬火机床、回火炉	
60		磨外圆	外圆磨床	
	1	磨 φ50f8 外圆至要求，表面粗糙度值为 $Ra0.8\mu m$		
	2	磨 φ90h5 外圆至要求，表面粗糙度值为 $Ra0.8\mu m$		
	3	磨 φ130g6 外圆至要求，表面粗糙度值为 $Ra0.8\mu m$		
	4	靠磨尺寸 7 左面至要求，表面粗糙度值为 $Ra0.8\mu m$		
	5	靠磨尺寸 9 右面至要求，表面粗糙度值为 $Ra0.8\mu m$		
70		检验	检验站	

3.6.6　压盖的 MBD 工序模型构建

压盖零件三维图及全三维标注如图 3-38 所示，压盖零件机械加工工艺卡见表 3-13。

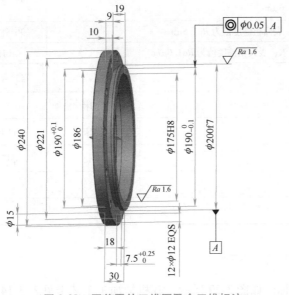

图 3-38　压盖零件三维图及全三维标注

源文件

表 3-13　压盖零件机械加工工艺卡　　　　　　　（单位：mm）

零件名称		毛坯种类	材料	生产类型
压盖		圆钢	45 钢	小批量
工序	工步	工序内容	设备	刀具、量具、辅具
10		下料 $\phi250\times40$	锯床	
20		粗车	卧式车床	
	1	夹坯料外圆，车端面，见平即可		45°弯头车刀
	2	车 $\phi200f7$ 外圆至 $\phi202$，长度 12		90°外圆车刀
	3	钻孔 $\phi45$		$\phi45$ 麻花钻
	4	车通孔至 $\phi72$		内孔车刀
	5	调头，夹 $\phi200f7$ 外圆，车端面，保证总长 32		45°弯头车刀
	6	车 $\phi240$ 外圆至 $\phi242$		90°外圆车刀
30		精车	卧式车床	
	1	夹 $\phi200f7$ 外圆，找正内孔，夹紧，车左端面至要求，表面粗糙度值为 $Ra1.60\mu m$		45°弯头车刀
	2	车 $\phi240$ 外圆至要求，表面粗糙度值为 $Ra1.6\mu m$		90°外圆车刀
	3	车 $\phi186$ 内孔至要求，表面粗糙度值为 $Ra1.6\mu m$		内孔车刀
	4	车内孔槽 $\phi190^{+0.1}_{0}$ 至要求，表面粗糙度值为 $Ra1.6\mu m$		切槽刀
	5	车 $\phi175H8$ 内孔至要求，表面粗糙度值为 $Ra1.6\mu m$		内孔车刀
	6	车内外圆倒角 $C1$		45°弯头车刀
	7	调头，夹 $\phi240$ 外圆，找正内孔，夹紧，车右端面至要求，表面粗糙度值为 $Ra1.6\mu m$		45°弯头车刀
	8	车 $\phi200f7$ 外圆至要求，表面粗糙度值为 $Ra1.6\mu m$		90°外圆车刀
	9	车 $\phi190^{0}_{-0.1}$ 外圆槽至要求，表面粗糙度值为 $Ra1.6\mu m$		切槽刀
	10	车内外圆倒角 $C1$		45°弯头车刀
40		钻孔	钻床	
	1	钻 $12\times\phi9$ 孔	钻床	$\phi9$ 麻花钻
	2	锪 $12\times\phi15$ 孔		$\phi15$ 锪钻
50		检验	检验站	
60		涂油、包装、入库	库房	

3.6.7　法兰盘的 MBD 工序模型构建

法兰盘零件三维图及全三维标注如图 3-39 所示，其机械加工工艺卡见表 3-14。

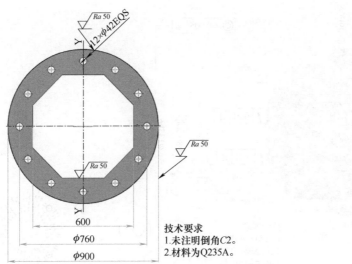

源文件

演示

技术要求
1. 未注明倒角C2。
2. 材料为Q235A。

图 3-39　法兰盘零件三维图及全三维标注

表 3-14　法兰盘零件机械加工工艺卡　　　　　　（单位：mm）

零件名称	毛坯种类	材料	生产类型
法兰盘	圆钢	Q235A	小批量

工序	工步	工序内容	设备	刀具、量具、辅具
10		切割35厚板料，外圆尺寸φ920，内八边形对边尺寸为580	锯床	
20		划内八边形边线及12×φ42孔的中心线		
30		用平垫铁垫平工作，按线找正，压紧工件，采用φ30立铣刀，铣内八边形，每装夹一次铣成一边，保证对边尺寸600（因工件伸出工作台较多，这时可考虑增加辅助支承	铣刀	
40		以一端面定位，按内八边形找正，压紧工件，车φ900至图样尺寸，倒角C2	立式车床	花盘
50		以一端面定位，按工件外形及φ53孔的中心线找正，压紧工件，钻12×φ42的孔	钻床	φ42钻孔机
60		去毛刺，修锉内八边形135°内角处，因铣削所留圆弧使其清根		
70		检验	检验站	
80		入库	库房	

3.6.8　轴承座的 MBD 工序模型构建

轴承座的三维图及全三维标注如图3-40所示，其机械加工工艺卡见表3-15。

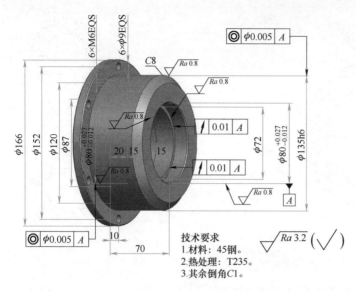

技术要求
1. 材料：45钢。
2. 热处理：T235。
3. 其余倒角C1。

图 3-40 轴承座的三维图及全三维标注   源文件

表 3-15 轴承座机械加工工艺卡   （单位：mm）

零件名称		毛坯种类	材料	生产类型
轴承座		圆钢	45 钢	小批量
工序	工步	工序内容	设备	刀具、量具、辅具
10		下料 ϕ170×75	锯床	
20		粗车	卧式车床	
	1	夹坯料外圆，车端面，见平即可		45°弯头车刀
	2	钻孔 ϕ45		ϕ45 麻花钻
	3	车孔至 ϕ70		内孔车刀
	4	车 ϕ135h6 外圆至 ϕ138		45°弯头车刀
	5	调头，夹 ϕ135h6 外圆，车端面，保证总长 73		45°弯头车刀
	6	车 ϕ166 外圆至 ϕ168		90°外圆车刀
30		热处理：调质，硬度为 220~250HBW	盐浴炉、回火炉	
40		精车	卧式车床	
	1	夹 ϕ166 外圆，找正，夹紧，车右端面至要求，表面粗糙度值为 Ra3.2μm		45°弯头车刀
	2	车 ϕ135h6 外圆，留磨削余量 0.30		45°弯头车刀
	3	车外圆倒角 C8		45°弯头车刀
	4	车右端 $\phi80^{+0.027}_{-0.012}$ 孔，留磨削余量 0.30，长度 15		内孔车刀
	5	车 ϕ72 孔至要求，表面粗糙度值为 Ra3.2μm		内孔车刀
	6	调头，夹 ϕ135h6 外圆，找正，夹紧，车端面，保证总长 70		45°弯头车刀

（续）

工序	工步	工序内容	设备	刀具、量具、辅具
40	7	车 $\phi166$ 外圆至要求，表面粗糙度值为 $Ra3.2\mu m$		90°外圆车刀
	8	车左端 $\phi80^{+0.027}_{-0.012}$ 孔，留磨削余量 0.30，长度 15		内孔车刀
	9	车 $\phi87$ 孔至要求，长度 20，表面粗糙度值为 $Ra3.2\mu m$		内孔车刀
	10	车内外圆倒角 $C1$		45°弯头车刀
50		钻孔	立式车床	
	1	钻 6×$\phi9$ 孔		$\phi9$ 麻花钻
	2	钻 6×M6 螺纹底孔至 $\phi5$		$\phi5$ 麻花钻
	3	攻 6×M6 螺纹		M6 丝锥
60		磨外圆	外圆磨床	
	1	组装端压心轴，按 $\phi135h6$ 外圆及端面找正，磨 $\phi135h6$ 外圆至要求，表面粗糙度值为 $Ra0.8\mu m$		端压心轴
	2	靠磨尺寸 10 右端面成（工艺要求），表面粗糙度值为 $Ra0.8\mu m$		
70		磨内孔	内圆磨床	
	1	夹 $\phi135h6$ 外圆，按 $\phi135h6$ 外圆及端面找正至 0.005，夹紧，磨右端 $\phi80^{+0.027}_{-0.012}$ 孔至要求，表面粗糙度值为 $Ra0.8\mu m$		
	2	磨右端 $\phi72$ 孔见圆（工艺要求）		
	3	磨左端 $\phi80^{+0.027}_{-0.012}$ 孔至要求，表面粗糙度值为 $Ra0.8\mu m$		
80		检验	检验站	
90		涂油、包装、入库	库房	

3.6.9　挡套的 MBD 工序模型构建

挡套零件三维图及全三维标注如图 3-41 所示，其机械加工工艺卡见表 3-16。

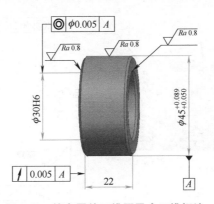

图 3-41　挡套零件三维图及全三维标注

表 3-16　挡套零件机械加工工艺卡 （单位：mm）

零件名称		毛坯种类	材料		生产类型
挡套		圆钢	45 钢		小批量

工序	工步	工序内容	设备	刀具、量具、辅具
10		使用锯床切 φ50×300 圆柱	锯床	
20		粗车	卧式车床	
	1	夹坯料外圆，伸出长度 30~50，车端面见平即可		45°弯头车刀
	2	钻孔 φ20		φ20 麻花钻
	3	车孔至 φ29.70		内孔车刀
	4	车外圆至 φ45.30		45°弯头车刀
	5	内外圆倒角，车至 C1.3		45°弯头车刀
	6	切断，保证长 22.6		车断刀
	7	调头，夹外圆，车端面，保证长 22.1		45°弯头车刀
	8	内外圆倒角，车至 C1.3		45°弯头车刀
30		热处理：淬火并回火，硬度为 45~50HRC	盐浴炉、回火炉	
40		磨削内圆及端面	数控内圆磨床	
	1	夹外圆，磨 φ30H6 孔至要求，表面粗糙度值为 $Ra0.8\mu m$		
	2	靠磨左端面至要求，表面粗糙度值为 $Ra0.8\mu m$		
50		磨削外圆：利用内孔定位，穿锥度心轴，磨 $\phi45^{+0.089}_{+0.050}$ 外圆至要求，表面粗糙度值为 $Ra0.8\mu m$	数控外圆磨床	
60		检验	检验站	
70		涂油、入库、包装	库房	

3.6.10　长薄壁套筒的 MBD 工序模型构建

长薄壁套筒零件三维图及全三维标注如图 3-42 所示，其机械加工工艺卡见表 3-17。

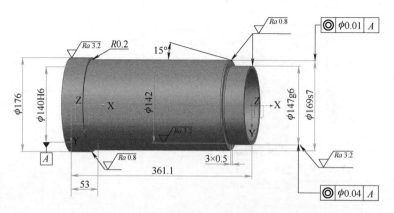

图 3-42　长薄壁套筒零件三维图及全三维标注

源文件

表 3-17　长薄壁套筒零件机械加工工艺卡　　　　（单位：mm）

零件名称		毛坯种类	材料	生产类型
长薄壁套筒		锻件	45 钢	小批量
工序	工步	工序内容	设备	刀具、量具、辅具
10		使用锻压机床锻造	锻压机床	
20		使用箱式炉进行热处理	箱式炉	
30		粗车	数控车床	
	1	用自定心卡盘夹毛坯外圆一段，找正，夹紧，车端面，见平即可		80°机夹刀片
	2	车 ϕ176 外圆至 ϕ179		80°机夹刀片
	3	调头，用自定心卡盘夹 ϕ176 外圆，找正，夹紧，车端面，保证总长 366		80°机夹刀片
	4	右端面钻一个中心孔		中心钻
	5	用自定心卡盘夹 ϕ176 外圆，顶中心孔，车 ϕ169s7 外圆至 ϕ172		80°机夹刀片
	6	车 ϕ147g6 外圆至 ϕ172		80°机夹刀片
	7	用自定心卡盘夹 ϕ176 外圆，中心架托住 ϕ169s7，镗内孔至 ϕ135		镗刀
40		精车	数控车床	
	1	用自定心卡盘夹夹右端外圆，中心架托住 ϕ169s7 外圆，车左端面		35°机夹刀片
	2	车 ϕ176 外圆，表面粗糙度值为 $Ra3.2\mu m$		35°机夹刀片
	3	调头，夹 ϕ176 外圆，中心架托住 ϕ169s7 外圆，找正，车右端面，留磨削余量 0.10，保证总长 361.1		35°机夹刀片
	4	车 ϕ147g6 外圆，留磨削余量 0.50		35°机夹刀片
	5	车 3×0.5 空刀槽，表面粗糙度值为 $Ra3.2\mu m$		切槽刀
	6	车 $R<0.2$		圆弧刀
	7	车外圆 3×15° 倒角		35°机夹刀片
	8	夹 ϕ147g6 外圆，中心架托住 ϕ169s7 外圆，找正，精镗左边 ϕ140H6 内孔，留磨削余量 0.50		精镗刀
	9	调头，夹 ϕ176 外圆，中心架托住 ϕ169s7 外圆，找正，精镗右端 ϕ140H6 内孔，留磨削余量 0.50		精镗刀
	10	镗 ϕ142 内孔，表面粗糙度值为 $Ra3.2\mu m$		精镗刀
	11	车内外圆倒角 C1		35°机夹刀片
50		平磨右端面，表面粗糙度值为 $Ra1.6\mu m$	平磨磨床	

（续）

工序	工步	工序内容	设备	刀具、量具、辅具
60		磨外圆	外圆磨床	
	1	装螺母压紧心轴，磨 φ169s7 外圆，表面粗糙度值为 $Ra0.8\mu m$		
	2	磨 φ147g6 外圆，表面粗糙度值为 $Ra0.8\mu m$		
70		磨内孔	内圆磨床	
	1	夹 φ176 外圆，中心架托住 φ169s7 外圆，在磨过的外圆上找正至 0.005，磨左端 φ140H6 内孔，表面粗糙度值为 $Ra0.8\mu m$		
	2	磨右端 φ140H6 内孔，表面粗糙度值为 $Ra0.8\mu m$		
80		检验 φ140H6 内孔、φ169s7 外圆、φ147g6 外圆尺寸，几何公差及表面粗糙度	检验站	
90		涂油、包装、入库	库房	

3.6.11 薄壁套的 MBD 工序模型构建

薄壁套零件三维图及全三维标注如图 3-43 所示，其机械加工工艺卡见表 3-18。

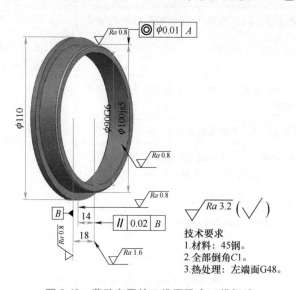

图 3-43 薄壁套零件三维图及全三维标注

技术要求
1. 材料：45钢。
2. 全部倒角C1。
3. 热处理：左端面G48。

表 3-18 薄壁套零件机械加工工艺卡 （单位：mm）

零件名称	毛坯种类		材料	生产类型
薄壁套	圆钢		45 钢	小批量
工序	工步	工序内容	设备	刀具、量具、辅具
10		下料 φ120×26	锯床	
20		热处理：正火	箱式炉	

（续）

工序	工步	工序内容	设备	刀具、量具、辅具
30		车	卧式车床	
	1	用自定心卡盘夹毛坯外圆一端，找正，夹紧，车端面，见平即可		45°弯头车刀
	2	钻 $\phi90G6$ 孔至 $\phi50$		$\phi50$ 麻花钻
	3	车 $\phi90G6$ 孔，留磨削余量 0.50		内孔车刀
	4	车 $\phi100js5$ 外圆，留磨削余量 0.50		90°外圆车刀
	5	车尺寸 14，左面留磨削余量 0.10		90°外圆车刀
	6	车孔和外圆倒角 $C1$		45°弯头车刀
	7	调头，夹住 $\phi100js5$ 外圆，车端面，留磨削余量 0.10，保证总长 18.20		45°弯头车刀
	8	车 $\phi110$ 外圆至要求，表面粗糙度值为 $Ra3.2\mu m$		90°外圆车刀
	9	车孔和外圆倒角 $C1$		45°弯头车刀
40		**热处理**：高频感应淬火并回火，硬度为 48~53HRC	高频感应淬火机床、回火炉	
50		内孔磨削	内孔磨床、车床	
	1	找正左端面、内孔，磨 $\phi90G6$ 孔至要求，表面粗糙度值为 $Ra0.8\mu m$		
	2	靠磨左端面至要求，表面粗糙度为 $Ra0.8\mu m$，保证尺寸 18		35°机夹刀片
60		外圆磨削	外圆磨床	
	1	工件套在锥度心轴上，磨 $\phi100js5$ 外圆至要求，表面粗糙度值为 $Ra0.8\mu m$		$\phi90$ 锥度心轴
	2	靠磨尺寸 14 左面至要求，表面粗糙度值为 $Ra0.8\mu m$		
70		检验		
	1	检验 $\phi100js5$ 外圆、$\phi90G6$ 内孔尺寸，各几何公差		三坐标测量仪、千分尺等
	2	检验表面粗糙度		表面粗糙度样板
80		涂油、包装、入库	库房	

3.6.12　小套筒的 MBD 工序模型构建

小套筒零件三维图及全三维标注如图 3-44 所示，其机械加工工艺卡见表 3-19。

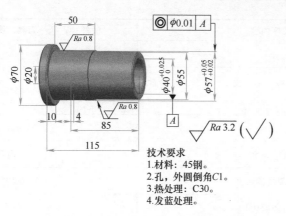

图 3-44 小套筒零件三维图及全三维标注

演示

技术要求
1.材料：45钢。
2.孔，外圆倒角C1。
3.热处理：C30。
4.发蓝处理。

表 3-19 小套筒零件机械加工工艺卡 （单位：mm）

零件名称		毛坯种类	材料	生产类型
小套筒		圆钢	45 钢	小批量

工序	工步	工序内容	设备	刀具、量具、辅具
10		下料 φ75×120	锯床	
20		粗车	卧式车床	
	1	用自定心卡盘夹胚料外圆，找正，夹紧，车端面，车平即可		45°弯头车刀
	2	钻 φ20 孔至 φ19 通孔		φ19 麻花钻
	3	车 φ40 孔至 φ38，深 84		内孔车刀
	4	车 φ57 外圆尺寸至 φ59，长至 φ70 端面，留余量 1		90°外圆车刀
	5	车 φ55 外圆至 φ57，保证长 55		90°外圆车刀
	6	调头，用自定心卡盘夹 φ55 外圆处，找正，夹紧，车 φ70 外圆至 φ72		90°外圆车刀
	7	车左端面		45°弯头车刀
30		热处理，淬火并回火，硬度 30~50HRC	盐浴炉，回火炉	
40		精车	数控车床	
	1	用自定心卡盘夹 φ70 外圆处，找正，夹紧，车端面，保持总长，留余量 1		35°机夹刀片
	2	半精车 φ57 外圆至要求，长至 φ70 端面，靠磨端面至要求		35°机夹刀片
	3	车 φ55 外圆至要求，保证长 55		35°机夹刀片
	4	精车 φ57 外圆至要求，保证尺寸 50，表面粗糙度值为 Ra0.8μm		35°机夹刀片
	5	镗 φ40 内孔至 φ39.2，深 85		闭孔镗刀
	6	车内孔槽 4×1		内沟槽车刀

（续）

工序	工步	工序内容	设备	刀具、量具、辅具
40	7	精镗 ϕ40 内孔至要求，深 81，表面粗糙度值为 $Ra0.8\mu m$		精镗刀
	8	端面倒角 C1		35°机夹刀片
	9	调头，用自定心卡盘夹 ϕ55 外圆处，找正，夹紧，车端面，保证总长 115		35°机夹刀片
	10	车 ϕ70 外圆至要求		35°机夹刀片
	11	镗 ϕ20 孔至要求		镗刀
	12	车孔倒角 C1		35°机夹刀片
50		检验	检验站	
60		热处理；发蓝处理		
70		包装入库	库房	

科学家科学史
"两弹一星"功勋科
学家：王希季

第 4 章

基于模型的协同工艺设计技术

PPT 课件

4.1 基于 MBD 的工艺设计系统

4.1.1 工艺策划

工艺策划是对产品制造过程中的关键环节形成指令性工艺信息或文件，主要内容包括装配单元的划分、零部件的装配顺序、零部件的装配基准及定位方法、重要工序的安排和重要零部件的交付技术状态等。工艺策划用于编制和确定产品制造流程（或顺序图）、指令性技术状态和交接状态（或文档）、工装需求和工装设计技术条件、制造指令或制造工艺规程等信息或文件。工艺策划的主要内容包括以下五个方面：

（1）装配单元的划分　对产品进行装配单元的划分，将产品拆分成若干个相对独立的装配单元，以便于后续的装配工作。

（2）零部件的装配顺序　工艺策划需要明确主要零部件的装配顺序，以确保产品装配的顺利进行。

（3）零部件的装配基准及定位方法　工艺策划需要确定主要零部件的装配基准和定位方法，以确保产品装配的精度。

（4）工序的安排　工艺策划需要合理安排工序，以确保产品的质量和生产率。

（5）零部件的交付技术状态　工艺策划需要明确零部件的交付技术状态，以确保产品装配质量和生产率。

在基于模型的定义（MBD）技术条件下，数字化工艺策划工作及其全过程必须在适应 MBD 技术要求的工艺设计与管理平台的支持下进行与完成。工艺策划工作输出的内容不再以单独文档的形式提交，通过多种形式在工艺设计与管理平台上呈现，具体形式取决于不同的装配工艺策划内容，包括但不限于以下几种：

（1）BOM 结构形式　通过物料清单（BOM）结构展示工艺策划过程中零部件的组成及其关系，便于工艺人员管理零部件。

（2）BOP 结构形式　通过工艺清单（BOP）结构展示工艺策划过程中的工艺步骤及其关系，便于工艺人员管理工艺过程。

（3）MBD 数据模型　通过 MBD 数据模型展示工艺策划过程中的三维模型及其关联信

息，便于工艺人员查看和操作三维模型。

（4）数字关联图表　通过数字关联图表展示工艺策划过程中的数据关联关系，便于工艺人员进行数据分析和优化。

（5）电子文档形式　通过电子文档形式展示工艺策划过程中的文档信息，便于工艺人员编辑和查阅文档。

在 MBD 技术条件下，数字化工艺策划工作及其全过程需要在工艺设计与管理平台的支持下进行与完成，输出内容通过多种形式在平台上呈现，以满足工艺策划工作的需求，提高工艺管理水平。

4.1.2　工艺设计过程仿真

工艺设计过程仿真通过先进的数字化工艺仿真系统，构建了一个高度仿真的工艺系统模型，在虚拟化、可视化的环境中精确模拟实际的制造环境及其工艺流程，涵盖从原材料处理到最终产品装配的全过程，对产品的制造过程和系统进行全面的预测和评估。

工艺人员在工艺设计规范的指导下，直接依据三维实体模型开展三维工艺开发工作，不再同时依赖二维工程图样和三维实体模型来设计产品装配工艺和零件加工工艺。产品数字化虚拟装配过程的设计包括以下几个方面：

（1）装配顺序的生成和优化　利用模拟软件对产品部件进行装配过程定义，确定部件所属各零组件的装配顺序，确保每个部件在装配过程中的位置和方向都正确无误。

（2）装配路径规划和优化　模拟工厂现有装配条件和工段安排，进行装配路径的调整和优化，确保装配过程符合实际生产环境。

（3）装配过程仿真模拟　在数字化装配仿真系统中进行装配过程仿真，利用人机工程等技术，确定装配过程的可操作性和合理性，解决数字化产品 MBD 模型装配过程中遇到的所有干涉问题。

在数字化装配工艺模拟仿真过程中生成装配操作过程的三维工艺图解和多媒体动画数据，结合装配工艺流程建立起数字化装配工艺数据，为数字化装配工艺现场应用提供依据。这些数据可以直观地展示装配过程，帮助工人更好地理解和执行装配任务，提高生产率和质量。

工艺过程仿真的应用使得在产品设计早期阶段即可对零部件的全面结构进行精细设计和深入分析，具体表现如下：

（1）识别和解决技术难题　通过仿真分析及早发现设计到生产过程中可能出现的问题，验证零部件的装配设计和操作过程的正确性，有效减少后期修改需求，避免额外成本和时间延误。

（2）提供虚拟制造环境　通过详细的虚拟制造环境，设计师和工程师可以在无需物理原型的情况下，测试和验证产品的生产工艺。这有助于优化产品设计，确保生产流程的高效性和经济性。

（3）评估各种生产方案　通过模拟不同的生产方案，可以评估材料选择、工艺参数和装配顺序对产品性能和成本的影响，从而找到最优的生产方案。

数字化虚拟制造技术的发展，特别是工艺过程仿真的应用，为产品设计和生产带来了革命性的改变，具体表现如下：

（1）提高设计和生产精确性　工艺过程仿真大幅提升了设计和生产的精确性，通过精细分析和验证，确保产品设计和装配过程的准确性和可靠性。

（2）缩短产品上市周期　仿真技术有效缩短了产品从设计到市场的周期，快速验证和优化设计方案，加速产品上市速度，迅速响应市场需求。

（3）成本控制和生产率最大化　通过优化生产流程和资源利用，仿真技术有效控制生产成本，提高生产率，实现成本效益的最大化。

数字化虚拟制造技术在竞争激烈的市场环境中，为企业带来强大的竞争优势，具体表现如下：

（1）加速产品创新　技术使得企业能够快速实施产品创新，提高产品质量，满足市场对高质量、低成本和快速交付的需求。

（2）实现可持续发展　随着技术进步，企业能够灵活应对市场变化，优化资源配置，推动全球范围内的可持续发展。

（3）促进跨部门协作与团队效率　工艺过程仿真通过信息的流动和共享，加强了设计、工程和生产之间的协同，提高了团队效率和一致性。

4.2　复杂产品工艺数据的组织

工艺设计过程通过将被加工零件的几何信息和装配、加工工艺信息输入，输出零件的工艺路线和相关的工艺指令，从而实现产品的加工制造。

工艺设计与管理的综合性分析，主要包含以下几个方面：

（1）纽带与衔接功能　工艺设计与管理扮演着产品设计与生产制造间至关重要的联结角色。在此过程中，产品设计的美学与功能性规格需经由工艺设计的转化，结合细致的加工工艺知识与材料属性分析，制订出既满足生产条件又符合设计愿景的工艺流程与作业指导。这一转化机制确保了设计理念向物理产品的平滑过渡，同时保证最终产品的质量与性能达标，体现了设计与制造无缝对接的桥梁作用。

（2）复杂性与灵活性的决策框架　工艺设计与管理体现为一个多维度、动态调整的决策过程。工艺工程师面临包括但不限于材料属性、加工手段、设备能力及成本控制等多元考量因素，需在这些相互制约与影响的因素间做出均衡决策。科技进步与市场需求的不断演进，要求工艺设计具备高度的适应性和迭代能力，强调在实践积累中不断优化策略，展现了该领域决策的高度复杂性和灵活性特征。

（3）跨部门协同的必要性　有效的工艺设计与管理还依赖于企业内部各部门间的紧密合作。特别是与设计技术、生产制造、采购等部门的协同，对于确保工艺方案的精确实施及产品按期交付至关重要。任何部门间的沟通障碍或协作不畅都可能导致工艺流程受阻，进而影响整个生产系统的顺畅运行及企业的生产率。

（4）工艺信息管理的重要性　工艺信息的有序组织与高效管理是支撑企业高效运营的基石。作为物资采购、生产调度、资源分配和成本控制等决策的依据，良好的工艺信息管理体系能够显著提升企业管理效能。因此，构建一个全面的工艺数据管理系统，不仅是提升当前管理水平的关键，也是迈向数字化制造技术管理平台的重要一步。

在解决工艺设计与管理中的问题时，可以采取以下措施：

（1）加强部门间的沟通与协作　建立跨部门的协作机制，确保各个部门之间的信息畅通，共同制订并执行工艺设计与管理方案。

（2）运用信息化技术　利用先进的信息技术手段，建立起工艺信息管理系统，实现对工艺数据的集中管理和实时监控，提高工艺设计与管理的效率和精度。

（3）强化人才培养与技术创新　加强对工艺设计与管理人员的培训与学习，提高其专业水平和技术能力；同时，鼓励技术创新，引进新的工艺技术和设备，不断提升企业的竞争力。

（4）建立健全的质量管理体系　制定严格的质量管理标准和流程，确保产品质量符合设计要求，提高客户满意度和市场竞争力。

工艺设计与管理在现代制造业中具有极其重要的地位和作用。只有通过加强部门间的协作与配合，运用信息化技术，强化人才培养与技术创新，建立健全的质量管理体系，才能够有效地解决工艺设计与管理中的问题，实现企业的可持续发展。

4.3　并行协同设计流程

4.3.1　工艺流程设计

工艺流程设计是规划和制订产品制造的方法、生产步骤，将产品设计的几何 MBD 数据模型转化为层次结构的工艺过程数据模型。MBD 数字化制造技术使得原本的串行工艺流程得以转变为并行协同的可能，提高了效率和准确性。工艺类型和工艺活动阶段会进一步细分，但产品设计与工艺流程相互关联，使设计与工艺能够并行协同。

工艺流程设计需遵循以下一般原则：

（1）系统性　工艺流程设计应考虑产品从原材料到成品的整个制造过程，确保每个环节都符合设计要求。

（2）经济性　在满足产品质量要求的前提下，工艺流程应尽可能简化，以降低成本。

（3）可操作性　工艺流程应易于理解和执行，确保生产线工人能够准确无误地完成每个工序。

（4）灵活性　工艺流程应具有一定的灵活性，能够适应产品设计变更和市场需求的变化。

工艺流程设计与数字样机设计之间的协同作用提高了设计的系统性和灵活性，确保了具体工艺流程的经济性和操作性。常用的工艺流程设计方法包括流程图法、矩阵法、模拟法和优化法。流程图法通过绘制流程图清晰展示工序的顺序和逻辑关系，是最常用的方法之一；矩阵法则适用于复杂工艺流程，通过工艺矩阵表达工序之间的关系；模拟法利用计算机模拟预测工艺流程的执行情况，并评估不同设计方案的效率和成本；优化法则运用数学优化方法寻找最佳工艺流程方案，以达到成本最低或效率最高的目标。

在 MBD 数字化制造中，数字样机构建、模拟法和优化法的应用日益广泛。在 MBD 数字化制造中，数字样机如何改变了原有的串行产品工艺流程设计可以具体说明如下：

1）根据产品、部件、组件和零件的层次结构，工艺设计可分为总装工艺、部装工艺、组装工艺和零件工艺。不同类型的工艺活动在产品设计的不同阶段与数字样机 MBD 模型的级别同时启动，以实现产品设计与工艺设计的并行协同。

2）如图 4-1 所示，总装工艺在复杂产品的主几何 MBD 数据预发布阶段启动。

3）部装工艺在一级数字样机建立阶段启动。

4）组装工艺和零件工艺设计分别在二级和三级数字样机 MBD 模型批准发布阶段启动。

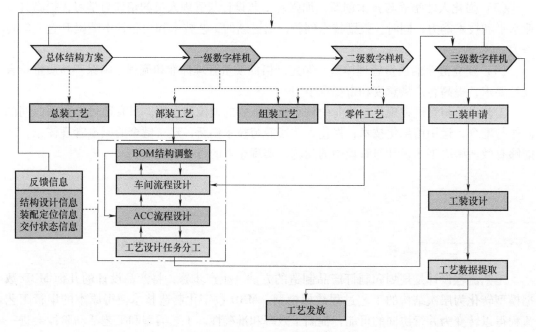

图 4-1   并行协同工艺流程设计

确保工艺流程设计的质量和效率，关键节点设立了阶段评审机制。评审小组由工程分析人员、制造工艺人员、工装设计人员、材料供应员及其他相关人员组成。他们共同评估本阶段的工作内容，从各自专业的角度分析和评价设计工作，并提出综合性建议以改进设计。各部分人员的职能可以分配为：

1）工程分析人员负责对产品设计进行详细的工程分析，包括产品结构、性能和可靠性等方面的评估。

2）制造工艺人员主要负责制订产品的制造工艺设计，包括工艺流程、参数设置和设备选择，确保工艺的可行性、经济性和生产率。

3）工装设计人员负责设计产品的工装，包括模具、夹具和量具等，以确保其满足产品制造的需求，并考虑到生产成本和使用寿命等因素。

4）材料供应员负责产品的材料供应，包括材料的选择、采购和库存管理等。

5）其他相关人员如质量管理人员、生产成本核算人员和市场销售人员也参与评审，各自角度提出改进建议。

评审小组成员在批准预发放或最终发放的数据文件上签字之前，需对文件的质量和准确性负责。通过这一评审机制，工艺流程设计不仅确保产品质量，还提高了研发效率和对市场变化的响应能力。

工艺流程设计可以细分为以下几个活动阶段：

（1）产品结构分解阶段　将复杂的产品结构分解为更小、更易管理的部件和组件，为后续的工艺规划和制造奠定基础。

（2）定位方法与零件交付状态制订阶段　确定部件和组件在装配过程中的定位方法，以及装配完成后的交付状态要求，如清洁度和表面处理等。

（3）工艺顺序规划阶段　确定各部件和组件的制造顺序及其装配关系。

（4）工艺过程仿真阶段　通过计算机模拟验证工艺顺序和装配过程的正确性，预测可能出现的制造问题，如干涉和间隙不足等。

（5）工艺编制阶段　根据前述规划结果编制详细的工艺文件，包括工艺规程和操作指南，以便生产现场的工作人员和技术人员理解和执行。

在工艺方案规划阶段：①按照产品结构的设计分离面，将产品结构划分成几大部件；②根据一级数字样机 MBD 模型的设计结果，考虑部件结构特点、工厂生产能力等因素，确定各部件的工艺分离面；③将复杂产品部件结构划分成结构上相对独立的、工艺上相对简单的组件制造单元；④形成总装、部装及组装三级装配工艺。

在详细工艺设计阶段，根据装配单元的划分结果制订各个部件、组件制造单元的装配单位，即确定装配分工路线。工艺方案规划人员的另一个任务是根据产品结构特点及装配单元划分，确定出装配对象的安装定位方法及其交付状态。按照这一需求确定所需的工装类型、结构，并提出工装需求申请，启动工装设计流程，如图 4-2 所示。

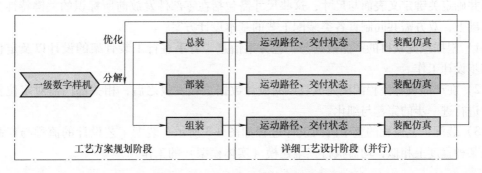

图 4-2　工艺方案设计的不同阶段

在装配方案的制订过程中，根据装配单元的划分结果以及装配对象的交付状态要求，确定零件在制造过程中因工艺需要而留有的余量、导孔和其他相关技术要求。向产品设计组提出设计建议，以调整产品单元的组织结构和零件的结构形状，并表达出零件在制造过程中不同阶段的不同状态特性。

经分析和调整，最终形成满足装配工艺要求的零部件数据 MBD 模型及产品结构树。这样的模型和数据结构将使得整个工艺流程设计变得更加详细和清晰，便于后续的工艺设计和生产操作。当结合方案规划过程来划分各个装配单元，并进行总装、部装和组装三级装配工艺的详细设计时，有以下几个步骤需要完成：

1）确定装配单元中各零部件对象的装配顺序，并设计它们在装配过程中的运动路径。

2）进行装配过程的仿真，结合工装设计的结果，解决可能出现的碰撞和干涉问题，以实现装配工艺的优化。

3）根据仿真结果生成装配工艺图解、装配过程动画等多媒体数据，并编制成装配工艺数据文件，以便生产现场的工人和技术人员更好地理解和执行装配工艺，从而提高生产率和质量。

4.3.2 装配工艺流程设计

在工艺设计工作完成装配单元划分与确定结构定位要求后，工艺装备工程部门结合装配工艺方案，启动装配工艺流程设计过程。一个高效、精确的装配工艺流程设计能够显著提高产品的装配质量，减少生产成本，并缩短产品上市时间。装配工艺流程设计对于确保产品的装配质量和生产率具有至关重要的作用。合理的装配工艺流程设计可以提高装配精度、提升生产率、保障工人安全、降低生产成本等。装配工艺流程设计一般应遵循以下原则：

（1）功能性　装配工艺流程设计应满足装配过程中的所有功能需求，包括定位、夹紧、支承等。

（2）可靠性　装配工艺流程应具有高度的可靠性，能够在长时间内保持稳定的性能。

（3）适应性　装配工艺流程设计应考虑到产品变更的可能性，具有一定的适应性和可调整性。

（4）经济性　在满足功能和可靠性的前提下，装配工艺流程设计应尽可能降低成本，包括制造成本和维护成本。

在启动装配工艺流程设计阶段之前，工艺装备工程部门应与制造工程部门协作，共同明确并确定关键定义表面与尺寸，这些尺寸需包括在零部件发放前所标识的关键特性。在此基础上，双方需共同制订各类装配工艺的基本设计方案：

1）根据预先获得的产品数据与工艺方案信息，着手进行工装骨架的设计以及定位器的初步设计工作。

2）在产品设计流程圆满完成且产品设计数据正式发放之后，相关部门需对定位器的设计进行进一步的完善与细化。

3）装配工艺流程的整个协同设计过程如图 4-3 所示。装配工艺设计的流程与产品设计在某种程度上相似，均需执行三维建模（实体模型）的工作。

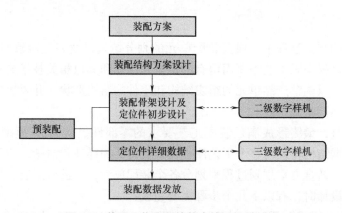

图 4-3　装配工艺流程的整个协同设计过程

4）装配工艺流程设计团队将运用三维零部件模型进行工艺装备的数字化预装配。设计人员需检验零部件与装配工艺之间，以及装配工艺相互之间是否存在干涉现象，并确保预留了充足的空间。

以上这一系列步骤提升了装配的可行性，同时能够直观地展现装配过程，从而有效降低了零部件及装配工艺流程设计过程中的修改频率。

在产品协同设计团队内，装配工艺设计专家与产品设计及工艺规划人员需保持紧密的合作关系，共同推进项目进程。装配工艺设计专家承担着审查所设计零部件的生产可行性的重要职责，同时辅助明确零部件的关键特性，确保能够迅速且有效地将产品设计团队所关注的关键信息（包括但不限于生产可行性、定位基准面、尺寸及公差等）传达回设计团队。

在工程项目的协同设计环境中，工程设计人员、产品设计专家以及装配工艺工程师需紧密合作，共同深入理解装配工艺流程设计的技术要求和相关装配方案。这一合作过程首先基于工艺方案中明确规定的零件和装配件的供应状态，以及既定的工艺顺序。在此基础上，团队需明确装配工艺的功能要求、结构设计、定位计划、装配零部件的对象结构、装配工艺的制造方法，以及装配工艺的外廓尺寸等关键要素。

在制订具有指令性的工艺规程之前，团队应基本确定所需工艺装备的种类和数量，并据此制订出详尽的装配工艺设计方案。该方案是装配工艺设计过程中的核心技术文件，其内容涵盖了以下关键点：

（1）装配工艺设计基准的确定　包括工件在装配工艺中的放置状态和定位基准的选择。

（2）定位件的结构形式与布置方式的设计　确保工件能够准确、稳定地定位在装配工艺中。

（3）工件的进出路径规划　设计确保工件能够顺利进出装配工艺的路径，以提高生产率。

（4）装配工艺的总体结构设计　考虑工装的稳定性、可靠性和生产现场布置的实际情况。

（5）制造方法的详细说明　确保制造过程中各项技术要求的执行。

在装配工艺设计的具体实施阶段，装配工艺设计人员应采用与产品设计相同的三维建模环境，构建工装的三维实体模型，并应用装配工艺标准件的三维实体模型。例如，针对复杂产品零件的定位及装配要求，设计人员需利用实体造型功能，创建定位块、轴线定位器、端面定位器等关键组件。过程中，必须从工程零件的精确三维实体模型中提取面及轴线等元素，以确保设计的精确性和可靠性。

随着装配工艺设计工作的逐步推进，设计人员需按照装配工艺光学工具点 OTP（Optical Tool Point）设置原则，在装配工艺骨架及工装定位器上设定 OTP。利用数字预装配技术，进行装配工艺与工程零件之间，以及装配工艺自身之间的三维实体干涉检查，包括对工装零件及复杂产品零件之间的干涉分析。这确保在设计阶段及时发现并解决潜在的干涉和不协调问题，从而确保装配工艺设计的高效性和产品的最终质量。

装配工艺流程设计是确保产品装配质量和生产率的重要环节。通过遵循一定的原则和方法，借助 MBD 技术，可以协同设计出既高效又经济的工装，缩短装配工艺研制周期。然而，设计师和工程师在设计过程中需要不断应对多变的产品需求、提高精度和复杂性、控制成本以及技术更新等挑战。通过持续的技术创新和优化，制造商可以提升装配工艺设计的水平，从而提高整体的生产率和产品质量。

4.4 产品结构调整和装配单元划分

4.4.1 产品结构的调整

在以装配工艺为核心的产品制造领域，对产品结构进行细致的分解不仅是实现生产可行性、经济性和均衡性的关键步骤，更是确保产品质量和生产率的基础。尤其对于结构复杂、体量庞大的机械产品，如汽车等，从设计结构到工艺结构的转换过程显得尤为重要。以航空器的制造为例，其严格的气动外形要求、结构的互换性，以及对重量的极致减轻，均要求在生产过程中要对每个零件的尺寸和形状进行精确控制。

在这样的生产环境中，除了那些形状规则、刚性优良的机械加工零件外，大多数零件，尤其是形状复杂、尺寸庞大、刚性较弱的钣金零件，需要通过专用的工艺装备进行制造，确保其满足严格的精度要求。为了将这些易变形的复杂零件装配成符合设计精度要求的完整产品，不仅需要采用专门设计的装配型架，还需要在多个工作站点上，利用多台装配型架协同完成整个产品的装配工作。

工艺分解的核心在于基于设计结构，合理利用产品结构的设计分离面和工艺分离面，将产品划分为若干个独立的装配单元。这一过程的基础在于对产品的设计分离面和工艺分离面的精准识别，而这两者的区分是在工艺性审查过程中同步完成的。

1）在进行工艺分解时，选择工艺分离面需综合考虑生产的性质、产品产量、生产周期、成本等因素，并进行详尽的技术经济分析。

2）在研制或试制生产阶段，通常采用较为集中的工艺方案，工艺分离面的选取以满足生产准备周期和装配周期为目标。

3）在批量生产阶段，倾向于采用分散的工艺方案，以提高劳动生产率和保证产品质量为原则，尽可能多地采用工艺分离面。

在复杂产品的研制过程中，结构工程师首先从结构功能的角度划分设计分离面，并将复杂产品结构数据组织成 EBOM 的形式。制造工程师根据制造商的装配方法和工艺技术水平，同时考虑工艺方面及生产率，从制造生产的角度出发，对产品结构进行工艺分离面的划分，可能需要对原始设计的结构关系和组件隶属层次进行调整，将产品结构从 EBOM 调整为 PBOM，以指导后续的工艺设计工作。

在对结构树进行调整的过程中，需要参考丰富的工艺知识，并依据长期积累的经验，充分考虑制造过程中的各个方面，须严格保持工程结构树与装配结构树之间的一致性，即所有零部件号及其数量在两树中必须相同。这种调整是在工程结构树的基础上进行的，调整后的数据应能够清晰表示生产中的直接装配关系和安装次序，从而构成指导生产的装配结构树。

4.4.2 装配单元划分工作模式

在装配车间流程设计、装配 ACC 流程设计以及装配 POS（系统位置）流程设计的背景下，装配工艺设计人员与结构设计人员需共同协作，以协商一致的方式制订各层级的装配单元，涉及结构设计人员对 EBOM 结构进行直接调整和修改，确保上层 EBOM 结构与 PBOM 结构的一致性，从而实现装配单元的有效划分。装配单元划分的工作模式详述如下：

（1）装配单元划分依据　划分工作基于任务对象的 EBOM 结构表和构成该任务对象的下属结构对象的数字化结构模型。例如，若设计对象为汽车变速器，则 EBOM 结构表将详细列出变速器的所有组成部分，而数字化结构模型则提供了这些组件的三维表示。

（2）设计方法　通过工程技术管理平台的 BOM 结构调整功能页面，对 BOM 结构进行调整。该过程涉及将基于设计分离面的 EBOM 转化为以工艺分离面为基础的 PBOM，完成装配单元的划分。例如，汽车变速器的装配单元可能包括齿轮、曲轴和蒙皮等，这些单元将根据装配工艺的要求重新组织。

（3）PBOM 形成过程　在形成 PBOM 的过程中，需考虑工艺因素，确保 PBOM 数据与 EBOM 中的数据保持一致。这意味着在调整过程中，不得随意增加或删除零组件、改变零件数量或改变部件间的安装关系。调整方法包括增加工艺构型结点、删除工艺构型结点、修改结点描述、移动结点子树等。

（4）设计输出　经过调整并增加了装配单元的 PBOM 结构表，该表详细列出了所有装配单元及其组成部分，为后续的装配工艺流程提供了明确的指导。

（5）划分人员　负责装配工序层流程设计和零件工艺流程设计的主管工艺设计人员承担划分任务。

（6）划分时间　装配单元的划分工作与车间、ACC、POS、工序层流程设计同步进行，确保在整个生产准备阶段，产品的结构调整与流程设计紧密相连，形成高效的生产布局。

4.5　协同工艺流程设计

在制造业中，产品的形成是一个复杂且多阶段的过程，涵盖从原材料到成品的一系列精细的工艺活动。这些活动包括将原材料转化为毛坯，将毛坯加工成零件，以及将零件装配成完整的产品。依据产品形成过程中的功能，这些工艺活动可以归纳为三大类别：下料工艺、零件加工工艺和装配工艺。每一类别的工艺均可进一步细分为多个工序，而每个工序又可以进一步拆解为具体的工步。

为了高效地组织和管理这些制造活动，建立一套结构化的制造工艺流程单元至关重要。工艺流程设计的核心目标是按照自顶向下的原则，综合考虑产品结构、工艺技术、所需时间，以及场地、人力和设备等关键制造资源，将复杂的产品制造过程分解为层次化的制造工艺单元。这一过程旨在将制造活动转化为一个具有明确结构的流程，随着时间的推进而有序进行。

接下来将详细探讨协同工艺流程设计的不同层面，包括：

（1）车间层流程设计　讨论如何在车间层面上组织和优化工艺流程，以提高生产率和产品质量。

（2）ACC 层流程设计　关注于如何在装配、检查和控制阶段整合工艺流程，确保产品的最终质量。

（3）POS 层流程设计　探讨如何在生产和操作系统层面上实现工艺流程的最优化，以适应不断变化的市场需求。

（4）JOB 层流程设计　探讨如何为每个工作岗位设计最合适的工艺流程，以实现最佳工作效果。

（5）工艺流程设计的工作模式　探讨如何将上述层次的设计整合为一个协调一致的整体，以及如何在实际操作中实施和维护这些流程。

4.5.1　车间层流程设计

车间层流程设计在产品制造过程中确保产品在各个车间之间能够高效、有序地进行生产。

（1）基本制造单元　在汽车制造中，装配车间和零件车间构成了基本的制造单元。汽车这种复杂产品的制造过程被分配到若干个专门的装配车间。例如，发动机车间负责装配发动机，车身车间负责组装车身结构，而底盘车间则负责安装悬架系统等。同时，零件制造过程分布在各个工艺专业车间，如铸造车间、锻造车间和机械加工车间等。这些车间按照工艺流程的先后顺序运作，前一车间的产出成为下一车间的输入，从而确保了从原材料到成品的连续生产流程。

（2）部件和总装流程　对于如汽车这样的复杂产品，其结构通常较为复杂，需要通过工艺分离面将其划分为多个部件。例如，汽车可以分为发动机部件、底盘部件和车身部件等。每个部件的装配工作会在一个专门的装配车间中进行，形成多个部装车间。这些部件会在总装车间中被组装成一个完整的汽车产品。这种由多个部装车间到总装车间的流程，形成了一个金字塔形的组织结构。底层是各个工艺专业车间，负责加工零件；中层是各个部装车间，负责组装部件；顶层是总装车间，负责将这些部件组装成最终产品。

（3）流程设计的组织与实施　车间流程的划分通常由厂级制造工艺部门负责编制，根据产品的工艺结构树来设计整个流程。在结构树中，总装车间对应着工艺结构树的根结点。各个部装车间对应着工艺结构树中的部件结点，如发动机、底盘、车身等。而工艺结构树中的零件结点，如螺丝、齿轮等，则由相应的零件专业加工车间负责制造。通过这样的流程设计，不仅提高了生产率，还保证了产品质量，为后续的生产管理和质量控制提供了便利。

某汽车制造流程示意图如图4-4所示，展示了从零件到部件，再到最终产品的转变过程。厂级制造工艺部门利用工艺结构树进行规划和组织，确保各个环节有序进行，实现从零件加工到最终产品装配的全流程覆盖。

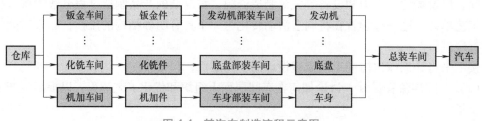

图4-4　某汽车制造流程示意图

4.5.2　ACC 层流程设计

ACC 层流程，即区域控制码流程，是一种在复杂产品制造过程中，用于明确各制造单元之间工作关系和流程顺序的管理方法。以航空制造业中的飞机组装为例，具体讲解 ACC

层流程的设计和实施。

（1）基本概念　ACC 层流程以 ACC（区域控制码）为基本单元，建立起各个站位之间的装配产品流动关系。ACC 最初被定义为复杂产品制造中不同工作地的控制代码，用于在装配工艺划分时对工作地进行标识和管理。例如，飞机的机翼装配可能被分配一个特定的 ACC 代码，而机身装配则可能被分配另一个不同的 ACC 代码。

（2）工作区域的划分与装配　由于飞机的部件或部件组在装配时相对独立，生产过程中会将这些部件分布在不同的工作区域进行装配。例如，机翼部件的装配工作可能集中在机翼装配区进行，而不会在机身装配区进行。这种集中装配的方法大大减少了产品在不同工作区域之间的搬运，降低了非增值操作，提高了生产率。

（3）基于产品结构树的 ACC 划分　部件 ACC 的划分基于产品结构树进行，并在产品协同设计组（LCPT）中完成。例如，飞机的机翼可能由多个模块组成，每个模块的装配过程构成了机翼部件 ACC 的工作内容。在产品结构树中，这些模块的装配工作被标识为 ACC01、ACC02、ACC03 等。

通过这种划分，每个 ACC 代码对应特定的装配任务和工作区域，确保了装配过程的有序和高效。

（4）ACC 层流程的实施

1）定义 ACC 代码：根据产品结构树，对不同的装配工作地分配独特的 ACC 代码。例如，机翼装配区可能被标识为 ACC01，机身装配区为 ACC02。

2）划分工作区域：将装配工作划分到不同的工作区域，确保每个部件在指定的区域内进行装配，减少跨区域搬运。

3）标识和管理：在装配过程中，使用 ACC 代码对各个工作地进行标识和管理，确保各装配任务在正确的区域内进行。

4）优化装配流程：通过 ACC 层流程，优化装配任务的顺序和工作区域的安排，提高生产率，降低非增值操作。

例如，飞机机翼的 ACC 层流程。在实际应用中，飞机机翼的装配可以通过如下 ACC 层流程进行管理。

ACC01：翼根模块装配，在翼根装配区（ACC01）进行机翼翼根模块的装配。

ACC02：翼中段模块装配，在翼中段装配区（ACC02）进行机翼中段模块的装配。

ACC03：翼尖模块装配，在翼尖装配区（ACC03）进行机翼翼尖模块的装配。

每个模块的装配工作在相应的 ACC 区域内完成，之后这些模块将在总装区域进行最终组装，形成完整的机翼部件。

（5）组件 ACC 的划分与管理　部件 ACC 的划分需要考虑工作量，并由产品工艺分离面确定的进度、成本、质量来控制和组织生产。为了使每个 ACC 的工作量近似相等，从而平衡装配流程和协调装配节拍，部件 ACC 中模块的数量会根据工作量进行调整。由于实际生产中的复杂性，部件 ACC 的工作量可能并不完全一致，因此需要对部件 ACC 进行结构调整与生产平衡，形成组件制造 ACC，简称组件 ACC。

组件 ACC 的划分旨在减轻部件 ACC 的工作量，并考虑制造上的便利性。例如，飞机的一些小部件，如舱门或座椅，其装配工作相对简单，不需要大型装配夹具，可以将这些组件的装配工作集中到一起，形成组件 ACC。

组件 ACC 的装配过程类似于零件制造，它不受流程节拍的限制，可以提前开始工作。组件 ACC 在生产中按批量进行，类似于零件的制造。在流程设计中，组件 ACC 生产出的组件被视为零件，在计算装配周期时不予考虑。工作量的衡量通常需要使用周期，但在流程划分初期，周期尚未计算出来，因此工作量的估计主要依据装配工作的复杂程度和工厂积累的经验数据。

（6）ACC 树的构建　ACC 之间的关系在装配工艺树中可以明确地反映出来。通过装配结构，可以得出 ACC 的组织关系，并以 ACC 为结点形成一棵装配工艺树，称为 ACC 树。ACC 树的结构在生产中一般不发生变化，它起到了控制制造流程的作用。

在制造车间中，一个 ACC 基本对应着一片工作区域。对于部件 ACC，它与复杂产品装配结构树中的某个结点联系，并作为它的装配对象；而对于组件 ACC，则与装配结构树上的多个结点联系，并作为装配对象，从而使这些装配对象根据 ACC 关系在各个工作区域之间流动。同时，各 ACC 对应结点装配结构树下的所有其他零组件对象作为 ACC 的装配输入，它们来自于不同的车间，确保了整个生产流程的高效和有序。

通过区域控制码流程（ACC 层流程），复杂产品制造过程中的装配任务得以明确和高效地管理。ACC 层流程不仅提高了生产率，还确保了装配过程的有序性和可控性，为复杂产品制造中的工作关系和流程顺序提供了清晰的指导框架。

4.5.3　POS 层流程设计

POS 层流程，即工位流程，是对 ACC 层流程的进一步详细划分。它专注于某一工位内部各装配单元之间的具体工作关系和流程顺序。POS 作为 ACC 的细分，管理复杂产品制造过程中更小单元——工位的运作。通过将 ACC 按工艺装备、工作地和产品工艺分离面进行划分，可以形成若干个在空间上相对独立且具有特定功能的制造活动中心，每个中心对应一个 POS。

在车门装配站位中，POS 可以是车门锁装配工位、玻璃安装工位或门把手装配工位等。每个 POS 由工段中的班组负责完成，根据所在装配线上的地理区域、固定的人员配置、专用工艺装备和工具设备等进行组织。POS 是现场管理的基本单元，它确保了生产流程的高效和有序。

在划分 POS 时，需要考虑以下因素：

1）搬运问题：在 ACC 内部同样存在搬运问题。为减少不必要的工作地转移，应尽量将不需要转移工作地的装配工作划分到一个 POS 中。例如，在车门装配站位，所有与门锁相关的装配活动可以划分到一个 POS 中。

2）工作地转移：对于需要在 ACC 内大幅转移工作地但工作量不足以单独划分为一个 ACC 的工作（如车门的自动钻铆、喷漆等），应单独划分为一个 POS。

3）工作量均衡：在工作地相对稳定的情况下，应确保各 POS 中的工作量大致相等，以保持生产率和节奏的平衡。

4）组件 ACC 的单位划分：对于组件 ACC，每个 POS 应包含多个组件，且各 POS 的工作量应基本相等。例如，如果车门装配站位中有多个组件需要安装，每个 POS 可以负责一部分组件的装配工作。

5）工时定额和工资计算：POS 作为工时定额分配和工人工资计算的单独核算单位，

其划分还需考虑这些管理因素。

在实际操作中，一个 ACC 中的各个 POS 之间存在前后关系，形成了树状结构，构成了 ACC 内部的 POS 树。对于部件 ACC，其 POS 树是单一的；对于组件 ACC，则存在多棵平行的 POS 树。这些 POS 树的结构在生产过程中相对稳定，确保了生产流程的连续性和一致性。通过将所有 ACC 中的 POS 树按照其之间的关系进行组合，可以得到整个装配的 POS 树。例如，按照装配顺序和逻辑关系组织各个 POS 单元。这样的 POS 树不仅有助于优化生产流程和提高效率，还便于管理和监控每个工位的工作状态和进度。

4.5.4 JOB 层流程设计

JOB 层流程（Job Operation Flow），即工序流程，在工业制造领域内，是一种基础指导原则，用于详细规划和指示车间内部各种零部件的组装或零件制造的精确操作序列。此流程采纳"作业"（Job）作为最小作业单元，确立各生产步骤间的产品流动逻辑与操作序列，为生产流程的有序进行提供蓝图。以智能手机装配流水线为例，对 Job 层流程的应用及其核心作用进行阐释。

在智能手机装配流水线的特定工站，一组工作人员承担着一系列复杂的装配任务。为了优化劳动力配置，需将 POS 所涵盖的装配内容细分为若干明确的工作任务，即 Job 的界定过程。例如，团队成员被专门指派负责屏幕装配或电池安装等特定任务，确保任务分配的精确性与效率。每项 Job 均基于生产工艺标准精心设计，使每位工人或小组明确自身的职责范围。

Job 的划分并非单纯基于工作量考量，而是综合评估制造工艺的成熟度、工艺规程、作业复杂度、所用设备工具特性、生产周期、进度安排、生产批量规模及工作站配置等多元要素。单个 Job 的作业时间跨度可从 15min 至 4h 不等，体现出高度的灵活性与适应性。每一道工序均配备有详尽的作业指导文件（Assembly Operation，AO）或制造流程指南（Manufacturing Process，MP）作为操作标准，以确保作业过程的标准化、产品质量的可控性及生产率的最大化。

在智能手机装配流水线的 POS 架构内部，各类 Job 相互关联，形成了具有树状结构的 Job 树。此结构既可以是单一的层级树，也可能是并行存在的多树结构，直观反映了 Job 间的操作顺序、时间需求和人力配置。屏幕安装、电池装配及最终品质检查等工序，可作为 Job 树中各自独立的分支存在，清晰展示了生产流程的组织逻辑。

与相对固定的设备位置树（ACC 树）和系统位置树（POS 树）相异，Job 树在实际生产中展现出较高的动态调整能力，可根据生产周期的变动、人力资源的调配或生产设备状况进行适时调整。例如，为满足市场需求的快速增长，原先并行的 Job 可被重组为串行流程，以加速生产节拍，提升整体效能。并非所有 Job 直接映射到装配工艺流程的每一个节点。部分 Job 涉及的是装配过程中的预备阶段，如钻孔、清铣、去毛刺等预处理步骤，或是质量检测环节，这些虽不直接构成成品的最终形态，但作为保证产品质量与生产率不可或缺的组成部分，同样被视作独立的 Job 进行严谨管理。

4.5.5 工艺流程设计的工作模式

工艺流程设计作为确保制造作业高效性与秩序性的核心环节。以下通过汽车制造业这一具体案例，对这一多层次工作模式进行说明。

（1）工艺流程设计的依据   工艺流程设计的依据主要包括两个方面：

1）任务制造单元及其对应制造对象，以汽车制造业为例，特指如发动机装配线、车身焊接区等具体制造环节，及其对应的零部件，明确了设计的实施范畴。

2）PBOM（产品物料清单），作为关键文档，详述了零部件制造的全部物料、组件、工序及其相互关系，为工艺流程设计提供翔实的数据支撑。

（2）设计方法   设计方法涉及使用工程技术管理平台的工艺流程设计功能。设计人员会根据发动机装配线的要求，对照 PBOM 结构树，建立发动机装配的工艺流程。这包括确定装配的顺序、所需设备、人员配置以及质量检验点等。

根据 ACC（Assembly Control Code）信息模型要求建立的 ACC 工艺流程结构模型应用页面。在这个页面上，设计人员将汽车的结构对象（如发动机、变速器等）分配到不同的 ACC 层流程单元，并建立它们之间的装配顺序关系。例如，先装配发动机，然后是变速器，最后进行最终的车辆组装。

在 ACC 层流程单元划分的基础上，进一步细化 POS 层流程结构模型应用页面。设计人员将发动机装配线中的每个步骤（如曲轴安装、气缸盖安装等）分配给相应的 POS 层流程单元，并确定它们之间的先后顺序。

（3）工艺流程设计方法   技术平台应用：依托工程技术管理软件的工艺设计模块，根据发动机装配线特定需求，结合 PBOM 结构框架，构建装配流程。此过程涵盖装配步骤排序、必要设备选定、人力资源配置及质量检验点的设定。

ACC 模型构建：遵循 ACC 信息模型标准，设计团队在专属应用界面中，将汽车主要结构组件（发动机、变速器等）归类到不同的 ACC 流程模块内，确立组件间的装配逻辑序列，例如先进行发动机装配，随后进行变速器装配，直至最终整车组装。

POS 细化层次：在 ACC 划分框架下，设计进一步深入至 POS 层面，于专门的结构模型应用页面上，将发动机装配线的各详细操作（例如曲轴安装、气缸盖装配）匹配到相应的 POS 层流程单元，并明确定义操作顺序，实现了流程设计的深层次细化。

（4）设计输出   设计输出物为一系列详细的装配工艺文档，这些文档是生产线操作人员及管理人员开展日常生产的直接指导手册。以发动机装配线为例，此类文档详尽记载了每一道装配工序的步骤说明、预期时间消耗、必要的劳动力配置及必需的设备资源信息，确保生产活动的高效执行与监控。

（5）设计人员   工艺流程设计任务由主管级工艺设计专家担任，他们在接收指定的设计任务后随即启动工作流程。设计活动的时间规划依据项目紧迫性与复杂度灵活调整，常规做法是在项目初始阶段便介入，旨在未雨绸缪，确保生产筹备活动的平稳推进与高效实施。

4.6   产品交付状态中间件工艺 MBD 模型的建立

技术进步与市场需求多元化共驱，对产品质量及生产速率提出了更高标准。这不仅对生产流程的每一步骤提出了精密调控的需求，亦强调最终产品需符合严格的技术规格。中间件工艺 MBD 模型的构建凸显其在确保产品质量交付中的核心作用。

在优化 PBOM 结构配置时,各节点实质反映的是制造流程的阶段性成果。初期结构设计并未涵盖产品转换及最终完成状态的具体模型。构建专注于交付中间状态的中间件工艺MBD 模型尤为重要。在此模型下,各工艺步骤所含结构组件需遵循制造规程设定的技术规格进行提交,区别于组件设计的最终形态,着重体现了生产过程中的阶段性要求。

为确保各主要零部件的交付状态清晰,需单独为其创建中间件工艺 MBD 结构模型。借助三维标注技术嵌入 MBD 模型之中,能直接展现技术状态的各项要求,从而准确模拟生产环节的技术情境,贴合实际生产操作的实际需求。

对于装配单元结构在车间、ACC、POS 划分时形成的装配件结构状态描述,由装配工艺设计人员与结构设计人员共同协商制订,由结构设计人员将相关信息直接描述在装配单元结构 MBD 模型中。对于零件结构在划分流程单元后所对应的结构状态描述,需由零件工艺设计人员建立并描述在中间件 MBD 模型中。确定交付技术状态的工作模式如图 4-5所示。

其中,工艺设计工程师的岗位职责是负责根据工艺设计任务,针对相应结构对象的 PBOM 结构表和产品零组件对象的数字化结构模型,进行详细的工作职责描述和功能说明。具体包括:

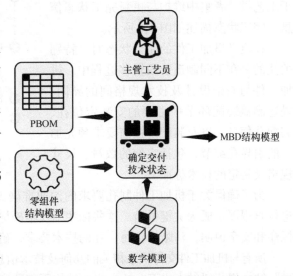

图 4-5　确定交付技术状态工作模式

(1) 确定技术状态　根据工艺流水,工艺设计师需要确定各个车间或中心加工完成后的技术状态。这包括了对产品零组件的加工过程、装配流程以及质量控制等方面的详细规划。

(2) 建立中间件 MBD 结构模型　工艺设计师需要利用三维建模软件,根据确定的技术状态,建立反映该技术状态的中间件 MBD 结构模型。这一模型可以帮助设计师更好地理解和分析产品的结构特征,以及在生产过程中可能出现的问题。

(3) 上传与关联管理　将建立的中间件 MBD 结构模型上传到 PDM 系统中,与产品零组件对象进行关联管理。这样,工艺设计师和其他相关人员可以方便地查看、修改和更新产品的结构信息,从而提高生产率和产品质量。

对于装配件的完工状态描述,其重点在于详细记录装配流程末尾,即装配件自装配单元移除时的结构特征与连接详情。这包括但不限于最终紧固件的锁定状况、临时紧固件的使用情况,以及未完成连接的预制孔状态等关键信息。以下是具体实施步骤,旨在确保此信息的准确传达与管理。

(1) 旗注与文本描述结合　在装配件的 MBD 工艺模型中,工艺设计人员需运用旗注符号配合文本描述,精确表达完工状态。旗注通过"LS(Last Status)+数字"的编码系统明确指向模型中的特定结构特征,而伴随的文本则标注该特征的详细状态,如紧固等级、连接类型等,确保信息的直观性和准确性。

（2）视图与捕获的组织策略　为了提高信息的可访问性，设计人员应创建专用视图（Views）和捕获（Captures）来系统化地整理这些旗注与文本描述。通过这些组织手段，相关人员能快速定位并理解装配件的特定完工状态，加速信息的流通与理解过程。

（3）构建完工状态节点　在工艺规范的总框架下，设立独立的"完工状态"节点，作为存储和管理上述文本描述的中心枢纽。这一节点位于规范树的根部，便于工艺设计者集中维护与更新完工状态信息。完工状态描述如图 4-6 所示。

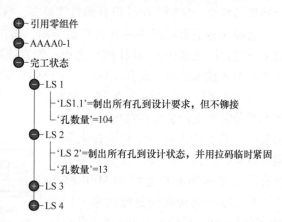

图 4-6　完工状态描述

在定义机加工件的完工状态时，特别关注的是在不同制造阶段转移过程中，机加工件与原始设计及技术规格间的异同。描述涵盖装配环节中必要的安装定位孔、装配孔信息，以及装配铆接前要求预先加工的引导孔细节，包括它们的数量、尺寸规格及特定的技术标准。

为了确保关于机加工件制孔要求的沟通准确无误，采用 MBD 工艺模型中的标注功能进行直观展示成为关键举措。这些标注不仅精确标示了所需孔的位置，还通过详细的尺寸标注和文字说明，清晰标注每一孔的技术要求，确保制造过程执行。

所有与机加工件交付状态相关的几何及技术信息被系统性地整合在一个专设的"制孔要求"结构规范树结点之下。这一组织结构不仅便利了工艺设计人员与管理人员对必要信息的快速检索与跟踪，而且通过集中的数据管理，提高生产流程的效率和响应速度，对于维持和提升产品质量起到至关重要的作用，如图 4-7 所示。

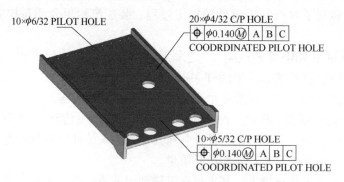

图 4-7　交付制孔要求的表达

设计输出是反映零组件实际制造状态的中间件 MBD 结构模型，包含了零组件的详细设计信息，如尺寸、形状、材料等，及与其他组件的装配关系，有助于工程师在制造过程中更好地理解和控制零组件的质量。操作人员是负责该结构对象所对应 POS 工艺流程单元工艺设计任务的主管工艺设计人员，具有丰富的工作经验和专业知识，能根据设计要求和技术标准，制订出合理的工艺流程方案，并指导生产线上的操作人员完成生产任务。在领用各制造结构对象及其对应制造单元工艺流程设计任务后启动。当工程师领取到零组件的制造任务后，工艺设计人员需要根据设计输出和工艺要求，开始制订相应的工艺流程方案。

4.7　工装定位计划制订

4.7.1　工装定位计划

制订精确的工装定位计划成为确保产品装配质量的关键步骤。复杂产品装配过程的主要特点体现在以下几个方面：

1）为确保产品形状和尺寸的协调准确度要求，必须采用大量具有针对性的专用装配工艺装备来定位零部件的空间位置并保证其形状。

2）工装设计人员需掌握由工程设计人员设计的装配对象的几何形状与尺寸信息，了解由制造工艺技术人员制订的装配对象的装配过程及其零部件的具体定位方法。

3）工装定位计划（Tool Index Plan，TIP）明确装配过程中零部件的具体定位方法，为工装设计提供依据。

工装定位计划不仅是工装设计的主要依据，还是生产过程中的一个重要指导文件，有助于提高生产率，降低生产成本，保证产品质量。

复杂产品装配过程的主要特点包括对专用装配工艺装备的大量需求、工装设计人员对多种信息的掌握、工装定位计划的重要性以及它在生产过程中的指导作用。这些特点使得复杂产品装配过程具有较高的技术要求和复杂性，需要各个环节的紧密配合和协同工作。

依据复杂产品装配过程的主要特点，保证其形状和尺寸的协调准确度要求，必须用大量体现零件尺寸和形状的专用装配工艺装备来定位零部件空间位置并保证其形状。工装设计人员设计装配工艺装备时，需要由工程设计人员设计的装配对象的几何形状与尺寸信息，还要由制造工艺技术人员制订的装配对象的装配过程及其零部件的具体定位方法，即工装定位计划。

在复杂产品协同设计过程中，工装定位计划是在产品结构初步设计阶段，由 LCPT 组根据装配工作需要组织产品装配工艺结构树并制订出主要 ACC 装配工艺流程后，以 ACC 为单位提出装配工艺装备需求及工装定位计划。工装定位计划制订的依据是复杂产品结构构型，并在其中详细说明装配结构件的定位基准与定位方法，包括结构件基准面、装配配合表面、空间交点孔位、装配孔位置以及重要轮廓外缘等。

现以波音 737-700 垂直尾翼的闭合翼肋装配为例作一说明。在结构上，闭合翼肋是垂直尾翼与机身后段装配连接的部位，它由两个肋组件连接形成 T 字形结构，其两端结构分别与机身后段上的对应结构形成叉耳式接头连接。它的装配结构及与机身安装关系如图 4-8 所示。

在制订工装定位计划时，首先要分析闭合翼肋的装配结构，明确其定位基准和定位方法。具体来说，需要考虑以下因素：

（1）结构件基准面确定　挑选具有高稳定性和参照意义的基准面，作为后续装配操作的坐标原点，确保装配过程中各组件的准确定位与对齐。

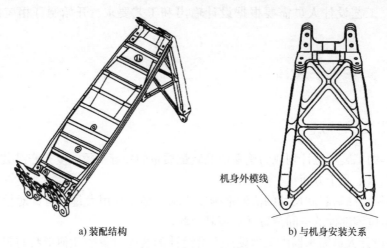

a) 装配结构   b) 与机身安装关系

图 4-8   立尾闭合翼肋

（2）装配配合表面分析   研究各装配面间的几何尺寸兼容性，确保面与面之间的精确贴合，避免装配偏差，保证结构的整体严密性。

（3）空间交点孔位精确定位   对空间中关键孔位的三维坐标及方向进行标记，确保装配时孔与孔之间能够实现无误差对接，维持结构的稳定性和强度。

（4）装配孔位置与尺寸校核   核查所有装配孔的位置与尺寸规格，确保紧固件能够顺畅穿入，实现零部件间的牢固连接，增强结构的完整性。

（5）关注重要轮廓外缘的吻合   精确测量并控制关键轮廓的尺寸与形状，确保装配后各部分轮廓间的平滑过渡与精确匹配，维护产品的外观与功能完整性。

基于上述综合分析，工装定位计划需系统地整合定位基准的选择、精确实用的定位方法以及装配流程中的关键控制点，形成一套详尽的操作指导。通过此计划的严格执行，可以极大提升复杂产品装配的精确度与效率，确保产品达到设计要求的形状与尺寸协调性，从根本上保障产品的高质量与高性能。

如图 4-9 所示，工程设计平面被划分为几个区域，每个区域都有特定的功能和装配要求。为了满足要求，图 4-9 中标注了多个工装定位的位置，包括翼肋与机身连接处、翼肋与翼梢连接处等。

通过对这些关键位置的精确定位，LCPT 组可以确保翼肋在装配过程中始终保持正确的形状和尺寸，从而提高产品的质量和性能。此外，这种详细的工装定位计划还有助于提高生产率，减少装配过程中的错误和返工，使生产过程更加顺畅。

图 4-9 中展示的闭合翼肋工装定位计划，包含了五个关键点的细致规划，具体描述如下：

（1）机身后段对接   此点聚焦于闭合翼肋与机身后段 1016 加强框的精密对接，通过严格匹配耳片孔与加强框孔位，并依据工程定位基准平面，确保了翼肋安装位置与方向的准确无误。

（2）保险翼弦定位   强调保险翼弦的精确安置，基于其轮廓、长度及相对位置的严格控制，为闭合翼肋的正确安装提供保障。

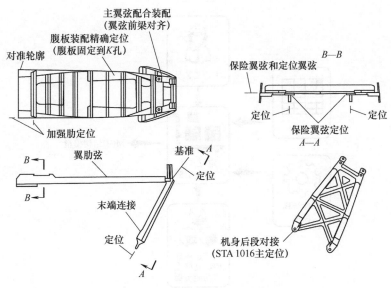

图 4-9　闭合翼肋工装定位计划

（3）主翼弦配合装配　通过确保主翼弦销钉孔与前梁的精确对齐，实现了两者之间的坚固连接，是保证结构稳定性和整体强度的关键步骤。

（4）腹板装配精确定位　腹板通过 K 孔与加强肋的精准定位，确保了其在闭合翼肋上的正确安装，提升了装配的整体性和结构的连续性。

（5）加强肋定位优化　加强肋的定位面是确保其在结构中发挥增强作用的前提，准确的定位提高了闭合翼肋的结构强度和刚性，提升整体结构性能。

工装定位计划通过详尽标注和周密设计，不仅在视觉上直观呈现了装配的复杂性，而且在技术上确保了每个装配环节的精准实施，是提升产品质量、优化性能、加速生产流程并确保生产流畅性的关键所在。

4.7.2　定位计划设计的工作模式

在标准的工装定位方案设计中，通常会制作辅助定位草图并附加文字注释。虽然二维图文结合的方式可以传递一些信息，但它容易导致理解上的误差，进而引发装配问题，最终可能需要重新设计或废弃工装。

装配作业可以细分为单个零件的定位安装和更大规模的组件或子系统的装配定位。针对这些不同的装配情况，需要分别制订详细的零件装配定位计划和组件级的定位部署。

在产品分解结构框架下，对装配结构的定位信息进行描述，并采取跨部门协作的方式。装配工艺设计人员与结构设计人员共同讨论并确定装配件的定位要求。结构设计人员直接在结构的 MBD 中记录关键信息，确保定位信息的准确性和一致性。涉及各制造工序的工装定位计划由相关工艺设计人员负责，并在中间件 MBD 模型中详细规划。

如图 4-10 所示，在定位基准与方法选择的过程中，首先需要对装配结构进行详细分析，确定装配定位的关键要素。根据这些关键要素，选择合适的定位基准和方法。在选择定位方法时，综合考虑装配精度、效率和成本等因素，确保最终的装配效果符合设计要求。以下是几个要点：

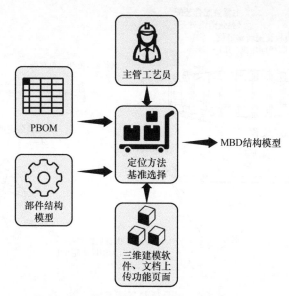

图 4-10   定位基准与方法选择的工作模式

（1）定位计划制订的依据   在产品的设计和制造过程中，定位计划的制订需要依据产品分解结构流程单元及其对应部件结构的数字化模型。这些模型帮助人们了解产品的结构和工作原理，从而制订出更精确的定位计划。

（2）设计方法   在 MBD 的模型中，人们采用旗注标识与文本描述相结合的方式来表达装配定位计划的必要信息。这种方法清晰地记录了产品分解结构流程单元所对应结构部件中的主要零件、组件及部件定位方法与基准。这些信息需要上传到工程技术管理平台，经过审批和发放后，可以用于指导后续工作。

（3）定位计划旗注标识符   定位计划旗注标识符由"IL"字符后跟一个数字组成。人们使用带引导线的 FT&A（功能、标记和注释）文本标注，并关联相关定位特征几何。这些文本作为 IL 标识符，置于直角五边形中，便于识别。所有定位计划描述信息都放在以"定位计划标记"标识的产品结构特征树主结点描述说明中。

（4）描述说明   描述说明包括每个定位计划标识的详细信息及装配定位的总体描述。其中，定位计划标识说明包括定位该特征的一些具体信息，如孔定位销的类型及公差要求。对零组件供应状态及装配顺序的说明可放在"其他说明"中进行描述。

在 MBD 模型中，组件与零件的 MBD 模型中的定位计划如图 4-11 和图 4-12 所示。这些图形可以帮助人们更直观地理解定位计划，以及在实际装配过程中需要注意的事项。通过这种方式，人们可以确保产品在设计和制造过程中的精度和质量。以下是设计输出、设计人员的职责分工以及设计时间安排在定位计划制订过程中的具体要求和考虑因素。

（1）设计输出   这一环节反映了零组件定位方法及基准的中间件或零组件 MBD 结构模型。它包括了一系列详细的定位元素，如坐标系、基准面、定位孔等，以确保零件在装配过程中的正确位置。

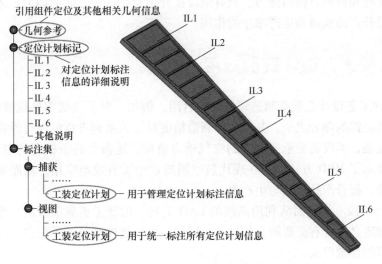

图 4-11　组件 MBD 模型中的定位计划

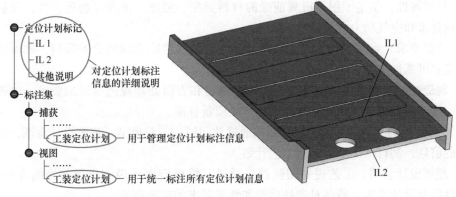

图 4-12　零件 MBD 模型中的定位计划

（2）设计人员　装配产品分解结构流程单元定位计划由结构设计人员与装配工艺人员共同确定，并由结构设计人员表达在装配结构件 MBD 模型中。这意味着在定位计划的制订过程中，结构设计人员和装配工艺人员需要密切合作，以确保定位方案的准确性和可行性。而零件工序流程单元的定位信息则由零件工艺设计人员在中间工序件 MBD 模型中描述。这一过程确保了每个零件在制造过程中的位置精度，从而保证了最终产品的质量。

（3）设计时间　是指在领用各制造结构对象及其对应制造单元工艺流程设计任务后启动的。设计时间的安排需要考虑到多个因素，如制造工艺的复杂性、零件的尺寸和重量等，以确保设计出的定位计划既合理又高效。

工装定位计划的制订对于确保复杂产品的装配质量和效率具有至关重要的作用。通过精确的定位计划，不仅可以提高产品的整体性能和可靠性，还能显著降低生产成本，缩短生产周期。在制订和执行定位计划的过程中，企业需充分考虑到各种潜在的挑战和困难，通过跨部门合作、技术创新和持续改进来应对这些挑战。这不仅涉及技术层面的问题，还包括管理和协调方面的能力。只有全面提升企业在这些方面的能力，才能充分发挥定位计划在提升产品质量和生产率中的作用。

4.8　协同工艺设计实例应用

MBD 协同工艺设计在航空制造领域最先启用，例如，对于飞机部件机翼前缘的制造，作为飞机最为关键的部分之一，其设计和制造精度直接关系到飞机的飞行性能。机翼前缘的设计特别复杂，不仅需要承受巨大的空气动力负荷，还需要具备极高的空气动力效率。该例子充分展示了 MBD 方法如何在现代航空制造业中被有效地应用，从而实现设计与制造的无缝对接，提升产品质量与生产率。

（1）设计阶段　设计团队利用高级的 CAD 工具，创建了机翼前缘的三维模型。在该模型中，详细定义了所有必要的几何尺寸、形状、材料属性及公差等信息，并集成了对制造和检测过程的详细要求。

1）几何尺寸和形状，包括机翼前缘的长度、宽度、厚度等几何特征，确保与飞机设计的空气动力学要求一致。

2）材料属性，指定了用于机翼前缘的材料类型、强度、密度等物理特性，以满足飞机的结构要求和空气动力负荷。

3）公差要求，定义了各个部件之间及部件与整体结构之间的公差限制，确保装配时的精确度和可靠性。

4）制造过程要求，包括钻孔位置、铣削路径和表面处理规范等详细要求，以确保制造过程中能够精确地复制设计意图并满足产品质量标准。

（2）工艺规划与制造　工艺规划团队通过访问同一三维模型，理解设计意图，并基于模型中的信息，制订出详细的制造工艺计划。

1）理解设计意图。工艺规划团队首先通过三维模型深入理解机翼前缘的几何特征、材料属性以及设计要求，确保对产品功能和性能需求的准确理解。

2）制造工艺计划。工艺规划团队根据三维模型中提供的数据，制订包括选择合适的加工工艺、工装夹具，以及确定最优的加工顺序等详细计划。这些计划必须确保生产过程中的精度、效率和成本控制。

3）数据直接读取和配置机床。制造团队直接从三维模型中读取数据，并使用这些数据来配置机床。这确保了加工路径、速度和深度与设计要求完全一致，减少了由于信息传递不准确而导致的错误和重工。

4）基于 MBD 模型的工艺规划和制造过程管理，确保了信息的一致性和准确性，从而提高了生产率和产品质量。

（3）质量控制　质量控制团队利用与 MBD 模型相连接的检测设备（如三坐标测量机）来检测制成品的尺寸和形状，提高了检测效率和精度。产品制造成功的三个要素包括：

1）高度集成的三维模型。MBD 模型不仅包含产品的设计信息，还集成了制造和检测的详细要求。这包括了检测设备可以直接读取的检测要求和标准，确保了从设计到制造再到检测的每一个环节都能够无缝对接。

2）跨部门的紧密合作。设计、制造和质量控制团队通过共享同一 MBD 模型实现了信息的即时更新和传递。这种紧密合作避免了信息孤岛的出现，确保了整个生产过程中各个部门之间的协调与配合。

3）先进的制造和检测技术。利用最新的 CNC 加工技术和自动化检测设备，质量控制团队能够直接从 MBD 模型中提取制造和检测所需的关键数据。这种方法不仅提升了生产执行的效率，还保证了产品的高精度和一致性。

通过这一实例，展示了 MBD 协同工艺设计在现代制造业中的强大能力。该方法不仅提升了设计和制造的效率，还显著提高了产品的质量和一致性。随着技术的进步和应用的深入，MBD 协同工艺设计在未来的制造业中将扮演更为关键和重要的角色。

4.9　思考题

1. 如何利用 MBD 技术进行工艺策划？
2. 在数字化制造环境下，工艺设计与管理平台应具备哪些关键功能？
3. 工艺设计过程仿真如何帮助识别和解决制造过程中的技术问题？
4. 如何通过视图与捕获的组织策略提高工艺信息的可访问性？
5. 在并行协同设计流程中，如何确保工艺设计与产品设计之间的协同效率？
6. 如何确定产品交付技术状态，并将其与工艺流程设计相结合？
7. 在制订工艺装备设计方案时，应考虑哪些关键要素？
8. 如何通过评审机制确保工艺流程设计的质量和效率？
9. 在车间层流程设计中，如何组织和优化工艺流程以提高生产率和产品质量？
10. 如何利用 MBD 技术中的旗注标识和文本描述来表达装配定位计划的必要信息？

科学家科学史
"两弹一星"功勋科
学家：孙家栋

第 5 章

基于模型的装配工艺设计仿真技术

PPT 课件

5.1 MBD 装配工艺仿真概述

5.1.1 数字化装配工艺仿真的目的

为了减少或避免由于工艺工程师依赖个人经验导致的各种工艺设计错误或不合理的设计情况，避免在实际装配过程中引起装配工艺和工装的再调整，确保产品研制工作的顺利开展，缩短制造周期，降低生产成本，使用三维数字化装配仿真系统进行三维数字化装配过程仿真显得十分必要。通过三维数字化装配仿真系统进行装配工艺仿真设计，可以实现以下两大目的。

1）在产品实际装配之前的装配工艺和工装设计过程中，通过装配过程仿真，及时发现产品设计、工艺设计和工装设计中的问题，有效减少装配缺陷和产品故障率，减少因装配干涉等问题而进行的重新设计和工程更改，从而保证结构的合理性和工艺的可行性。

2）装配仿真过程生成的工艺图解和三维数字化仿真文件可以用于生产现场指导工人进行产品装配，帮助工人直观地了解整个装配过程，实现可视化装配，并可用于维护人员的上岗前培训。通过这种直观方式演示装配过程，使装配工人更容易理解装配工艺，减少人为差错，保证装配过程一次成功。

5.1.2 数字化装配工艺仿真的层次

复杂产品的装配过程涉及产品本身的结构件、系统件和各种工艺装备，需要考虑人机工程，按照一定的工艺路线进行装配，涉及范围广，过程复杂。进行复杂产品装配过程的虚拟仿真模拟极其重要。复杂产品装配仿真的目标是通过建立数字化产品结构模型和装配资源模型，在数字化装配系统中创建一个可视化的数字化装配环境，从而分析产品结构的可装配性，制订可行的装配工艺过程，评估装配效率。例如，减少由于零件干涉、生产能力瓶颈和可维护性问题导致的设计更改、错误和重复工作，尽可能在实际装配工作开始前解决所有技术问题。根据装配设计的阶段和性质，复杂产品的数字化装配仿真工作可以划分为数字化预装配、装配工艺仿真、人机工程和装配生产过程仿真四个层次，从结构、工艺和效率三个方面分析对可装配性的影响。

（1）数字化预装配 数字化预装配是用来检查装配单元对产品整体可装配性的影响。装配单元指的是一个完整的装配部分，包括组件、部件和相应的装配工具。它决定了装配的难易程度，是影响装配质量的重要因素。这一层次主要解决复杂产品的组件和部件在空间上的位置安排、静态干涉与结构设计的合理性问题，以及装配界面的公差分配是否合理，尤其是解决复杂产品关键部位的设计协调问题。数字化预装配可以在使用数字化建模系统（如 CATIA、NX）进行结构设计时完成。

数字化预装配贯穿于产品开发的所有阶段，包括总体设计阶段、初步设计阶段和详细设计阶段。在总体设计阶段，即产品研制的初期阶段，需要进行产品的总体布局分析，包括建立主模型空间和进行产品的初步结构与系统总体布局。初步设计阶段是产品研制的主要阶段，主要完成产品的三维实体模型设计，包括装配区域和层次的划分，以及具体的几何约束和三维模型定义，同时进行装配工艺装备的总体设计。详细设计阶段则是产品研制的完善阶段，此时完成产品三维实体模型的最终设计，详细设计装配工艺装备，并进行产品结构之间以及产品结构与工艺装备之间的详细干涉检查。

（2）装配工艺仿真 装配工艺是将装配单元按照具体操作过程组装成产品的过程，其影响因素包括装配顺序、装配路径以及装配所需的各种资源。这些资源包括装配工装、夹具、加工设备、工作台和操作工具等。在可视化装配工艺仿真环境中，这一层次的工作主要涉及装配流程的划分、装配顺序的详细规划以及装配和拆卸路径的优化。通过仿真可以检测产品与装配资源之间以及不同装配资源之间可能存在的干涉和不协调问题，找出最合适的装配顺序和路径。这种方法能够帮助优化产品与装配资源的结构设计，提高装配过程的效率和质量。

（3）人机工程 基于人机工程的数字化虚拟装配仿真模拟不仅关注装配过程的实施可行性，还特别考虑到工人在装配过程中的操作便利性、可操作性以及未来维护工作的考量。这种方法旨在提高工作效率和产品装配质量，确保装配过程顺利进行。

（4）装配生产过程仿真 根据装配工艺仿真规划的结果建立了产品、工艺、资源和生产进度计划的数字化模型，进行车间布局的规划设计，并动态模拟整个装配生产过程。这包括确定合理的生产流程节拍，识别可能存在的生产进度计划与关键工艺资源之间的冲突与矛盾，并分析影响生产进度的瓶颈和根本原因。通过提前找到解决生产能力平衡问题的方法，确保生产过程的平稳、有序进行。一个产品形成的过程是装配单元、装配工艺和装配资源等因素综合作用的结果。装配生产过程的仿真需要使用与建模系统和工艺仿真系统兼容的仿真系统，例如与 CATIA、DELMIA 配套的 QUEST 系统。

5.1.3 MBD 装配模型的构建步骤

在工艺设计确定装配单元划分和结构定位要求后，需进行工艺装备的设计工作。需要与制造工程部门共同确定重要定义表面和尺寸，包括零部件发放之前标识的关键特性、各类工艺装备的基本设计方案。随着产品数据和工艺方案的预发放，工艺装备设计团队进行工装骨架和定位件的初步设计。一旦产品设计工作完成并正式发放产品设计数据，便完成定位件的最终设计。装配工艺流程设计如图 5-1 所示。

工艺装备的设计过程与产品设计类似：三维实体建模→数字化预装配→检查干涉。这种方法提高了装配过程的可行性，并能直观地显示装配过程，减少零部件和工艺装备设计中的修改需求。在产品协同设计组中，工艺装备设计人员与产品设计和工艺计划人员并行工作。他们负责检查设计的零部件是否易于生产，并协助标识关键特性。此外，他们能够将与产品设计相关的信息（如可生产性、定位表面、尺寸和公差等）反馈给产品设计人员，这些反馈信息能够直接影响到产品设计，从而减少产品设计数据发放后的额外修改工作。

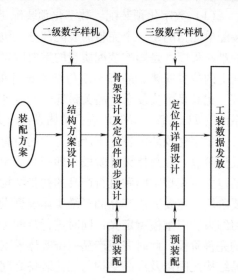

图 5-1   装配工艺流程设计

工程设计人员与产品设计人员、装配工艺人员密切合作，以理解装配工艺设计的技术要求和相关装配方案。他们根据工艺方案规定的零件供应状态和装配顺序，明确工装的功能、结构、定位计划、装配对象、制造方法和外廓尺寸。在制订工艺指令性工艺规程之前，基本上确定了所有工艺装备的类型和数量，并制订了工艺装备设计方案。工艺装备设计方案是工装设计过程中最关键的技术文件，包括以下内容：

1）确定工艺装备的设计基准和工件在装配工装中的位置和定位基准。

2）确定定位件的结构形式和布置方式，以及工件的进出方式。

3）描述工艺装备的总体结构和制造方法。

工装设计员使用与产品设计相同的三维建模环境，创建工装的三维实体模型，并引用标准工装件的三维模型。针对复杂产品零件的定位和装配需求，使用实体造型功能构建定位块、轴线定位器、端面定位器等。这些元素的设计须从工程零件的精确三维实体模型中提取，保证装配的精度和可靠性。

在接近完成装配工装设计的阶段，按照 OTP 设置原则，在工装骨架和定位器上设置 OTP。同时，利用数字预装配技术进行工装与工程零件以及工装自身之间的三维实体干涉检查。

5.2   MBD 装配工艺模型的设计与数据关系

MBD 中构建高效且精确的装配工艺模型，需要包含详细的装配信息，如零件的几何形状、尺寸、公差和材料属性，还需要能够通过数据关系有效地管理和利用这些信息。需要创建一个高度详细的虚拟装配模型，该模型能够捕捉装配过程中的所有关键参数，例如装配顺序、装配方法和工艺约束。

除了装配信息的详细性外，装配工艺模型还应具备良好的数据结构和组织方式，以支持数据的存储、检索、传递和更新，采用面向对象的设计方法。这种方法将装配工艺模型中的各种零件抽象成对象，并通过对象之间的关系来表示它们之间的相互作用和依赖关系。

5.2.1   装配工艺信息组成

对于复杂产品的生产而言，装配工艺信息在确保产品质量、缩短制造周期和降低成本方面至关重要。以下是装配工艺信息的主要组成部分：

（1）装配工艺

1）装配工艺包括装配流程中的装配对象名称和型号，以及关键的装配操作和三维工艺标识。

2）装配工艺涵盖必要的操作语义、装配规范、技术要求、额定装配工时及实际装配工时等信息。

（2）装配工序

1）装配工序包含具体的装配操作信息，如零部件名称、标识和类型。

2）装配工序描述零部件的几何信息，如形状和尺寸。

3）装配工序展示零部件在装配结构中的层次信息。

4）装配工序定义零部件如何相互配合的约束信息。

5）装配工序指示装配的方向和顺序，如最大包围盒、装配层次图、装配路径表等。

（3）装配工步

1）装配工步包含操作语义、活动和标注信息。

2）装配工步记录装配操作和工艺设计人员手动添加的辅助工艺，如标注信息列表。

3）装配工步提供操作前、操作间和操作效果标注，用于准备、实时反映装配状态和验证装配质量。

4）装配工步包括基本信息、主要工艺信息、辅助工艺信息、齐套信息和检验信息，确保完整记录装配活动的各个方面。

（4）装配操作说明

1）装配操作说明包括执行装配的具体车间、工位和操作人员的详细信息。

2）列出装配对象的名称和型号，以及具体的装配活动和三维工艺标注。

3）指导操作人员正确执行装配步骤，并确保所有资源如配套零部件、装配工装、工具和物料都准备就绪。

4）装配操作说明包括操作和检验人员的确认信息以及检验报告，用于验证装配的质量和合规性。

5.2.2　装配方法符号表达

装配方法主要有以下几种类型：

（1）互换装配法　这是理想的装配方式，要求所有零件的加工精度都非常高，以至于任何零件都可以与其他零件互换装配，而不需要任何调整或修配。通常在图样上不需要特别表示，因为零件的高加工精度已经保证了互换性。

（2）选择装配法　在这种方法中，零件按照实际测量尺寸被分类，并选择尺寸最匹配的零件进行装配。选择装配法可以分为直接选配法和分组选配法。虽然图样上可能不会直接表示选择装配法，但会在装配说明中指明尺寸范围和选择要求。

（3）修配装配法　修配装配法涉及在装配过程中对零件进行调整或修配，以达到所需的配合精度。在图样上，修配部分可能会用特定的标记或说明来指出，例如指出需要刮削或锉削的部位。

（4）调整装配法　在调整装配法中，通过改变某些零件的位置或加入补偿件来达到装配精度。图样上可能会用特定的符号或指引线来表示可调整的部件，以及调整的方向和范围。

装配的图形符号应满足以下基本原则：

（1）唯一性　图形符号的信息表述应具有唯一性，在易引起歧义时应附加说明。

（2）简洁性　图形符号应简洁明了、美观匀称，表达清楚准确。

（3）易用性　一般情况下，图形符号可直接用于绘图。

（4）通用性　图形符号仅需表明采用的通用大类工艺方法。如在车床加工中的车端面、车外圆、车台阶轴等工艺方法统一可使用的"车削"图形符号。

装配常用工艺方法的图形符号见表 5-1。

表 5-1　装配常用工艺方法的图形符号

序号	图形符号	名称	序号	图形符号	名称
1	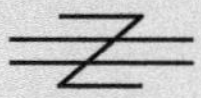	螺纹连接	10		吊装
2		键连接	11		涂装
3	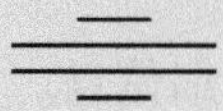	联轴器连接	12	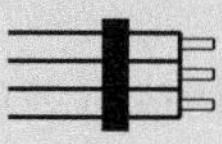	线缆制作
4	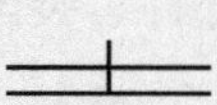	销连接	13	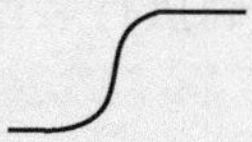	布线
5	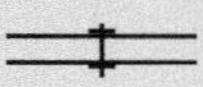	铆接	14	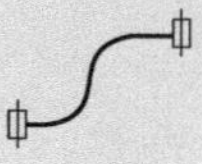	线缆插装
6		粘接	15		表面组装技术
7	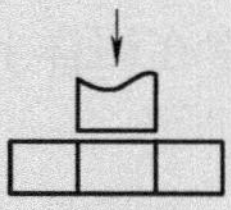	压装	16	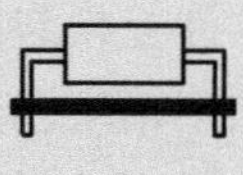	元器件插装
8	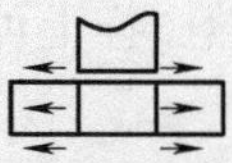	热装	17		微组装
9	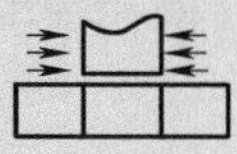	冷装	18	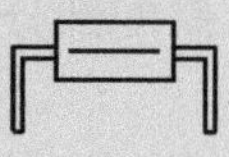	封装

装配工艺信息框格形式如图 5-2 所示。

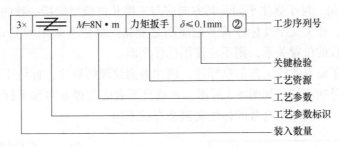

图 5-2　装配工艺信息框格形式

装配工艺信息框格的内容包含以下几个方面：

（1）装入数量　在同一工序或工步下，装入相同对象的数量。对于多个相同零部件的装配，仅标注一个工艺信息框格，并确保多个相同装配特征与工艺信息框格保持查询关联性。该栏宜用"1×""2×"等表示相同装配的个数。当装入数量为 1 时，"1×"可省略，该栏框格也将不显示。

（2）工艺参数标识　装配工艺方法的符号化表示。此栏框格内容为装配工艺方法的图形符号，从装配工艺方法的图形符号库中获取，不可省略，必须符合表 5-1 中的要求。

（3）工艺参数　装配过程中涉及的工艺参数信息。此栏框格内容为与装配方法相关的参数及数值，从工艺手册及以往工艺设计经验中获得，不可省略。

（4）工艺资源　装配过程中使用的设备、工装等工艺资源信息。此栏框格内容为资源名称或资源型号等，从设备资源库和工装资源库中获取，应正确反映现实资源配备情况，并具备更新能力，不可省略。

（5）关键检验　本次装配过程中涉及的关键检验要求。此栏框格内容为装配过程中关键检验的具体要求，以文本形式表达，如装配精度范围和测量手段，不可省略。

（6）工步序列号　一个工序中不同工步的先后顺序或当前工步在整个工序中的位置。当表示不同工步的先后顺序时，此栏框格内容为数字，用"①""②"等表示，且只有在不同工步中模型特征未发生改变、共用同一模型的情况下，才应当在标注工艺信息框格时添加工步序列号。当仅有一个工步时，"①"可省略，工步序列号栏框格也将不显示。

这些信息框格内容的详细记录和管理，有助于确保装配过程的规范性和准确性，提高产品的装配质量和生产率。

5.2.3　装配工艺的三维标注

装配工艺三维标注应清晰、完整、层次分明，并满足以下要求：

（1）唯一标识符　每个三维标注应赋予唯一的标识符，以便通过标识符识别出对应的三维标注。

（2）标注位置　三维标注应放置在标注区域标识符的附近，指示其应用模型特征的特定区域。

（3）多信息应用　当工艺信息三维标注与设计信息等其他信息同时应用于同一模型特征时，它们应置于标注面的标注区内，并能随模型旋转。

装配工艺三维标注应满足以下具体要求：

（1）标注平面　对于标注平面，其方向应与三维几何模型保持一致的位置关系。若模型空间位置改变，相关文字及标注符号也应随之变化。如果所采用的 CAD 系统不支持标注平面与模型一致的位置关系，则不应使用标注平面。

对于与标注平面有关的工艺信息标注，例如表面纹理的标注，标注平面的不同会导致表面纹理标注符号的不同。如图 5-3 所示，在垂直于表面纹理方向和平行于表面纹理方向上的标注平面上，表面结构符号的标注实例会有所不同。

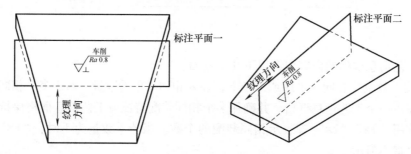

图 5-3　表面纹理标注

（2）指引线　指引线用于连接工艺信息框格与被表达的元素，其终端形式如下：

1）实心箭头。当指引线终止于零件轮廓表面或涂黑的断面时，采用实心箭头。

2）实心圆点。当指引线终止于零件的平面或断面时，采用实心圆点。

3）无终止符号。当指引线在另一条图线上（如尺寸线、对称线等）终止时，无须终止符号。

如果有助于理解标注的表达意图，指引线可在尺寸要素的边结束，并用实线指引线来指示设计模型中的基准目标，指引线应指向关联实体。对于两个或多个离散的被表达元素，如果三维标注要求一致，可以用两根或多根指引线分别指向关联实体。

（3）相关性查询

1）三维标注的关联实体显示。当选中三维标注时，其关联的实体或辅助表达元素应以高亮或其他方式进行显示，以区别于视图中其他实体或辅助表达元素。

2）几何或特征模型的关联标注显示。当选中几何或特征模型以及辅助表达元素时，相关联的三维标注应以高亮或其他方式进行显示，以区别于视图中其他标注。

（4）编辑属性

1）动态编辑。三维标注应支持动态编辑，包括大小、数量、类型、位置和颜色等属性。

2）一致性。同一模型上的三维标注，其形状大小和字体大小应统一。字体类型、标注颜色、拐点及指引线的形式可不统一，但应按照同一规范要求进行设置。

（5）关联属性　三维标注之间应具有关联属性，包括位置关联属性和方向关联属性。主标注是处于主导地位的标注，从属标注则是处于从属位置的标注。从属标注的位置和方向由主标注的位置和方向决定，并随之变动。这种关联关系使得三维标注之间具有高度的同步性和一致性，确保在一个标注发生变化时，相关标注能够自动更新。此外，三维标注之间的关联关系可以根据需要建立或删除，以灵活适应设计和修改的需求。

（6）工艺信息框格的成组要求 工艺信息框格的三维标注应具有与其他信息三维标注成组的功能。同一或平行标注平面上的相同对象的三维标注宜成组。成组对象应能够实现"左""右""顶部""底部"中心对齐，并且能够编辑间距。

工艺信息框格与其他信息的离散三维标注如图 5-4 所示，工艺信息框格与其他信息的三维标注成组示例如图 5-5 所示，成组对象实现底部中心间距对齐方式如图 5-6 所示。

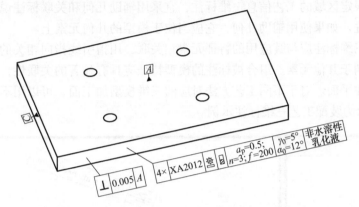

图 5-4 工艺信息框格与其他信息的离散三维标注

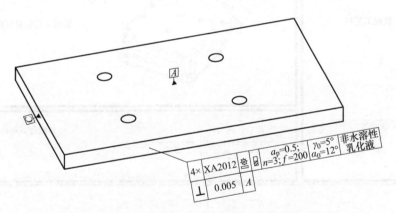

图 5-5 工艺信息框格与其他信息的三维标注成组示例

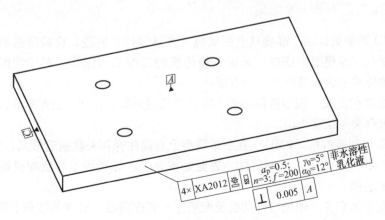

图 5-6 成组对象实现底部中心间距对齐方式

（7）工序/工步信息表达要求　工艺信息框格通常采用工步序列号的方式来表达工序或工步信息。当采用不同装配工艺且三维模型上无明显几何变化的特征时，工艺信息框格的三维标注应能够准确表达工序或工步的顺序。

（8）辅助工艺信息的表达　在机加工过程中，工装夹具的定位与夹紧等辅助工艺信息的图形符号构建，应按照相关标准中的规定进行，并将符号垂直标注于定位、夹紧的模型表面上。对于限定区域的工艺信息三维标注，宜采用辅助几何和关联标注说明受限制的长度、区域和位置。如果使用辅助几何，它应当位于模型的几何元素上。

工艺信息三维标注应与其应用的特征元素相关联，用指引线指向相关的模型特征，并高亮显示以区别于其他元素。组合被标注的模型特征应具有显著的关联性，宜采用不同颜色识别组合标注平面。对于不同工艺方法对应的三维模型加工面，可以用不同颜色加以区分。图 5-7 所示为装配工艺三维标注示例。

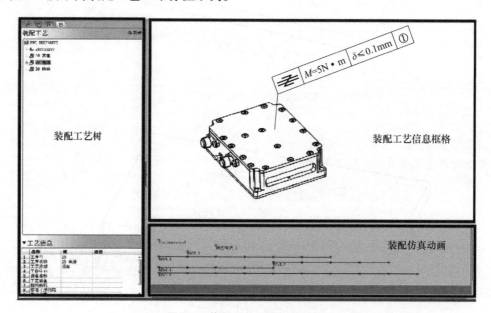

图 5-7　装配工艺三维标注示例

5.2.4　装配工艺 MBD 数据集

要求 MBD 数据集详细、准确且全面地包含产品设计、制造、检验所需的所有相关信息，以便直接从三维模型中获取，无需依赖传统的二维工程图样。对于装配工艺，MBD 数据集的具体要求通常涵盖以下几个方面：

（1）三维几何定义　模型应精确表示零件的几何形状、尺寸、公差和表面粗糙度，确保零件间的配合关系正确无误。

（2）产品与制造信息（PMI）　在三维模型上直接注释和关联制造信息，如总体尺寸、几何尺寸和公差（GD&T）、材料属性、表面处理要求、焊接指示和装配说明，以直接指导制造和装配过程。

（3）装配关系定义　明确零件间的装配顺序、装配路径、对齐基准和干涉检查，确保装配工艺的可行性和效率。

（4）工艺附着信息　将工艺规划信息（如工装夹具设计、装配工位布局、工具选择和路径规划）与三维模型关联，实现工艺设计的可视化和优化。

（5）检验和检验指令　在模型中嵌入检验点和检验方法，包括检测工具的类型、位置和接受标准，支持无图样检验，提高检验的准确性和效率。

（6）元数据管理　确保模型中的所有数据和属性具有良好的组织结构和版本控制，便于数据管理和追溯。

（7）标准化与规范性　遵循行业或企业内部的标准与规范，确保 MBD 模型的通用性和兼容性，便于不同部门和供应链伙伴之间的协同工作。

（8）可读性和易用性　模型和附加信息应易于理解和使用，可能需要采用直观的图标、颜色编码和层次分明的结构来增强信息的传达。

通过满足这些要求，MBD 数据集能够促进无纸化生产，减少误解和错误，提高生产率和产品质量，同时加速产品开发周期。装配件设计模型数据集应尽可能满足以下要求：

1）一个装配件应建立一个文件。

2）当装配件为左、右件时，应分别建立独立的左、右装配件模型。

3）一个装配件的装配信息可用一个或多个装配关系模型表示。

4）装配关系模型包含必要的线架几何、尺寸公差以及用于装配数字化定义的相关标注，不包含实体信息。

5）除非有特殊要求，装配模型不包含制造容差分配的相关内容。

6）可在装配模型上直接量取的、采用一般公差要求的几何尺寸不再标注，但应明确其查询基准。装配协调有关的尺寸应标注。

7）借用零件的装配应在统一数据库中查找到已有零件模型后，通过建立约束关系装配到位。

8）成品的装配应在成品库中查找到相关模型后，放在其装配父节点下，并通过建立约束关系装配到位。

9）实例化标准件的装配应在标准件库中查找到相关标准件模型后，放在其装配父节点下，并通过建立约束关系装配到位。

10）装配件中的变形件模型按变形后建立，不考虑变形件变形前的情况，变形件变形前的情况在装配关系模型中用注释加以说明。

11）装配件耗材（如密封胶、锁丝等）不建模型，耗材信息在装配关系模型中用注释加以说明，并在产品数据管理系统中将所使用的辅材作为一种特殊的零部件类型关联到装配件下，并考虑耗材重量。

12）运动机构应有机构定义，且机构定义应在统一数据库中建立。

装配件标注信息应表达在装配关系模型上。装配关系模型是一个用于表示装配件装配信息的文件，该模型通过文字注释、辅助几何线架、连接信息以及标注来表达装配件的装配信息，不包含任何实体信息。

装配关系模型中的注释应以参数的形式表达，用几何图形集进行分类管理。注释通常分为以下几类：

（1）通用注释　用于存放装配件的版权注释、尺寸单位、外形数据库名称及通用技术要求等信息。

（2）装配注释　用于存放用文字形式说明的装配件的装配要求，如铆钉装配要求、特殊涂漆要求及加垫信息等。

（3）热表处理注释　用于存放对装配件的热处理和表面处理说明。

装配关系模型中的辅助几何线架应用几何图形集进行分类管理，通常分为以下两类：

（1）构造几何　用于存放定义结构装配信息的辅助元素，如钉点、焊接面等辅助几何元素。为使数据组织层次清晰，可按不同的装配信息类别再分为多个几何图形集，每个分支存放相应的几何辅助线架元素。

（2）标注几何　用于存放辅助装配模型 3D 标注的线架几何，如衬套和孔的配合面等。其中，标注显示几何和 3D 标注集共同组成装配模型的 3D 标注信息。

5.3　基于模型的装配工艺设计仿真方案

5.3.1　工艺设计技术的发展现状

工艺设计过程是通过输入加工零件的几何、装配、加工工艺信息（如材料、热处理、批量等），由工艺工程师或计算机自动输出零件的工艺路线和装配、加工工序内容等工艺指令。设计信息只有通过工艺过程设计才能生成制造信息，产品设计只有通过工艺设计才能与生产制造实现信息和功能的集成。工艺系统涉及广泛的相关部门，从设计技术部门到生产采购部门，一旦脱节，就会影响系统的实施效果。作为生成与管理工艺信息的工具，计算机辅助工艺设计（Computer-Aided Process Planning，CAPP）在企业信息化过程中具有重要地位，是实现设计制造无缝集成与高度协同的关键环节。

CAPP 技术的研究与开发可以追溯到 20 世纪 60 年代末的挪威和苏联等国，但在CAPP 发展史上具有里程碑意义的是1976 年由设在美国的国际性组织 CAM-I 开发的 CAM-I CAPP 系统。经过多年的发展，CAPP 系统在系统化、实用化、工程化、网络化方面取得了显著进步，现已成为制造业中的主要工艺设计与管理平台。通过 CAPP 系统，企业能够更高效地设计和管理工艺流程，实现更高的生产率和产品质量。

20 世纪末，国外研究机构在已有通用化、集成化、实用化 CAPP 技术的基础上，提出了针对制造业信息化的新概念——制造工艺管理（Manufacture Process Management，MPM）技术。MPM 技术旨在解决如何组织生产工程的问题，主要目标是优化生产计划、工艺管理和生产过程组织等领域的设计。MPM 技术结合三维造型技术，将工艺设计和工艺管理融为一体，利用建模、仿真和优化等手段设计和验证整个制造工艺过程。这包括工艺方案和计划、加工和装配工艺设计、工厂布局、人机工程、物流管理等环节。MPM 是一种针对制造工艺数字化的新理念，目标在于构建完整的制造信息平台，实现制造企业内部的信息集成。MPM 解决方案能够更准确地协同产品制造过程和资源信息，优化产品工艺，分析具有多种配置复杂产品的加工和装配过程，进行生产过程仿真、公差分析与计算，以及生产成本控制。同时，它还实现了与 ERP（企业资源计划）系统的双向信息集成。

国外主流 PLM（Product Lifecycle Management）软件厂商相继推出了相应的 MPM 技术解决方案，如 UGS 的 Tecnomatix、Dassault 的 DELMIA 和 PTC 的 Polyplan，并成为数字化企业 PLM 应用体系中的关键环节。

5.3.2　DELMIA 数字化工艺设计平台

DELMIA（Digital Enterprise Lean Manufacturing Interactive Application）是由 Dassault Systèmes 的子公司 DELMIA Corp. 开发的一种先进数字制造解决方案。CATIA 专注于产品设计创新，ENOVIA 负责数据与流程管理优化，而 DELMIA 则专注于工艺流程与资源优化，三者集成构建了完整的数字化产品生命周期平台，促进知识与经验的复用。

DELMIA 的"数字工程"技术源于 Process-Product-Resource（PPR）模型的开放架构，集成了产品、工艺流程与资源三大核心要素，贯穿于产品开发的各个阶段，持续促进工艺设计与验证流程。DELMIA 在配置管理和变更控制机制下，维护着产品、工艺、资源及其相互间复杂关系的统一性与协调性，集成了一套方法学、软件工具及定制化服务的综合体系，全方位覆盖从设计构思、模拟仿真、性能优化直至生产控制与监控的全部制造环节，确保企业能够持续优化其生产配置，并顺利推进制造系统的迭代升级。通过整合 DELMIA 解决方案与其他多种策略工具，以及一整套应用程序的协同运作，在单一项目实施过程中即可显著加速产品上市时间，缩减总体成本开销，并有效抑制实际操作中的风险因素，体现了现代制造业向智能化、高效化转型的核心价值。

该系统为多个工业领域，如汽车、航空航天、造船等，提供关键生产工艺的端到端解决方案，促进了这些领域内工艺流程的创新与优化。在汽车行业中，涉及发动机制造、整车总装及车身构建；在航空航天领域，则应用于飞机结构装配和维护修理，以及一般制造业的广泛产品制造流程。DELMIA 使用户能够基于数字实体模型全面设计并验证生产制造工艺，构建了数字化制造的基础。

具体而言，DELMIA 数字制造系统在以下关键领域发挥着重要作用：零件加工、装配组件、工作站设计、生产线设计、车间布局。

5.3.3　装配工艺过程设计仿真解决方案

在 MBD 技术支持的框架下，工艺师遵循工艺规范，基于三维实体模型开展工艺设计，替代传统的二维图样与三维模型并行使用的工艺规划模式。通过构造三维数字化装配工艺模型，并遵循预设的数字化装配流程，实现了工艺设计。

工艺验证环节利用数字化虚拟装配环境，对装配工艺进行仿真模拟，在真实装配前的虚拟平台上检验制造工艺的合理性与可行性。此过程确保了工艺步骤的无误性，进而在验证成功后，工艺方案获得批准，应用于实际生产装配环节。

仿真过程中自动生成的三维工艺图解与多媒体动画，作为辅助资料与装配工艺流程相结合，共同构成了全面的数字化装配工艺数据库。这一数据库为现场技术人员提供了详细的操作指南，促进了数字化装配工艺的精准实施与标准化作业。

鉴于当前数字化技术的进展及未来趋势，本节提出一种装配工艺流程设计，该流程如图 5-8 所示，旨在优化资源配置与提升设计效率。在装配策略规划初期，核心任务包括工艺分离面的精确定义以及 ACC 与 POS 装配工艺流程单元的设计。

在接到具体设计任务之后，装配工艺设计工程师依托先进的三维数字化装配工艺设计环境，调用持续更新迭代的产品结构数据模型与工装设计数据模型，构建 POS 级装配工艺流程单元，装配工艺设计与仿真，细化为工序流程单元，明确界定每个零件的装配序列、

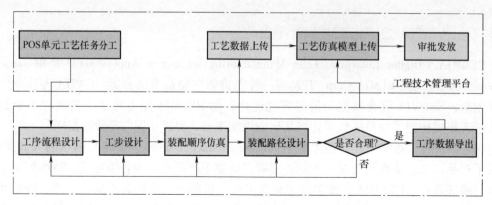

图 5-8　基于模型定义的数字化装配工艺流程设计

选择适宜的装配工艺方法与步骤，并完成工步流程单元的科学划分，确保每项装配活动与对应的产品装配单元结构精准对接，指示出所需零部件及其在结构组件中的安装位置，构筑起一个围绕工艺活动为核心，整合工程、工装与工艺数据的高效组织模式。

经审批通过的装配工艺数据集，通过企业内部网络传输至车间装配一线，成为指导现场作业人员进行技术培训与实操的重要参考资料。这一系列操作在 MBD 技术框架下实现了数字化信息的直观展现，满足了装配现场无纸化的高标准要求。

5.4　基于 MBD 的数字化装配工艺应用

5.4.1　三维数字化装配工艺规程

在装配工艺学中，工艺流程节点是构成装配操作的基本模块，它封装了单一或多种零部件组合安装的过程。作为装配流程的组成部分，节点标志着装配进展的一个步骤或阶段性活动。如图 5-9 所示，其呈现了工艺流程节点的结构，其中核心属性如 ID、ParID 及 SeqID 等，共同定义了节点的身份、所属上级节点关系及其在装配序列中的顺序定位，构建了装配流程的精细化描述框架。

在装配工艺框架内，每个工艺流程节点均被赋予了一系列关键属性，以确保装配流程的精准定义与高效管理。具体而言：

1）ID 作为节点的唯一标识符，确保了每个装配步骤在流程中的唯一可识别性，是区分不同装配环节的基础。

2）ParID 标识了父级工艺流程节

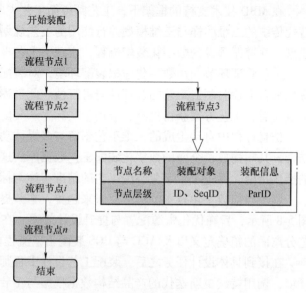

图 5-9　工艺流程节点组成

点，通过确立装配组件间的层级关联，为构建多层次的装配结构提供了数据支撑。这一属性不仅映射了装配对象的归属关系，还便于追溯零部件的装配源头，强化了装配流程的可追踪性和可控性。

3）SeqID 则是并行装配操作的标识，允许同时进行的装配节点拥有独立的序列标识，促进了装配效率的提升和时间成本的降低。它体现了装配流程设计中的并行处理策略，是优化装配时间表的关键因素。

4）n 涵盖了节点工艺信息，详细记录了装配方法、必要的工艺参数、工具选择及所需设备等，为装配操作提供了翔实的执行指南和质量保证依据。

上述属性的集成应用，为装配工艺流程的详尽描述与精细管理奠定了坚实基础，推动实现装配作业的高效率与高质量目标。

三维数字化装配工艺规程进一步发展了这一理念，通过层次化的装配策略，其装配工艺流程如图 5-10 所示。在图 5-10 中，流程节点经由方向箭头相连，直观展现了装配操作的推进路径，遵循从左至右或自上而下的逻辑顺序。节点的排列次序直接指示了装配步骤的时序性，明确了操作的先后逻辑。并行展现的流程节点则凸显了可同时执行的装配任务，体现了装配流程设计中的并行处理思路，有效提升了装配的整体协同效率。

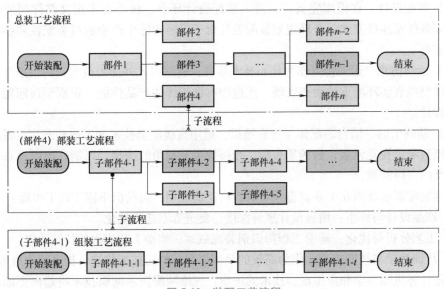

图 5-10　装配工艺流程

基于各层级的工艺流程链表，能够推导出装配工艺流程的基本序列关系，严格界定了装配步骤的顺序与执行逻辑。通过 ParID 的引入，不同层级间的工艺流程节点得以建立起明确的父子关联，并描绘了装配工艺的层次化结构，规定了组件间上下级的装配依赖性。

在同级装配工艺流程内部，若多个工艺流程节点共享相同的 SeqID，则在装配执行中体现为并行关系，有效利用了并行作业的可能性，提升装配流程的效率。

工艺流程节点，集成了广泛的装配相关信息，包括但不限于装配对象的三维模型、装配序列说明、装配路径规划、三维标注指示、必需的工艺装备详情以及辅助工艺指导信息等。此类信息增强了装配工艺的指导力度与数据支撑。

鉴于此，根据定义的串行与并行关系，以及明确的父子层级关联，采取自上而下的方式组织工艺流程节点，构建出一个全面而分层的装配工艺流程框架。这一框架涵盖了从顶层的总装工艺流程，到较低层级的部装工艺流程与组装工艺流程，形成了一个层次分明、逻辑严密的装配流程体系。通过实施这种层次化的装配策略，提高了对装配过程的管控能力，加速装配进程，提升了产品的装配质量和生产率，体现装配工艺的系统化与精细化管理原则。

5.4.2 三维装配演示动画的生成

三维装配演示动画技术是一种基于先进计算机图形学原理，将复杂的产品设计转化为动态可视化展示的手段。该技术通过模拟产品的三维模型装配过程、部件互动及整体动态行为，为设计验证、工艺流程优化及教育培训提供可视化支持平台。其主要包含以下不同阶段：

（1）模型准备 本阶段首要任务是确保所有构成产品的零部件三维模型的精确创建与整合。这些模型通常借助 CAD 软件完成，要求高度的精确度与完整性，以便后续装配与仿真分析的准确无误。

（2）装配设计 在模型完备后，进入装配设计环节，核心在于定义部件间的装配逻辑、约束条件及连接方式。合理规划装配设计对于保障实际生产中的可装配性和结构稳定性至关重要。

（3）运动仿真 运动仿真作为核心技术步骤，通过引入外部力或运动约束条件，使虚拟装配体模拟真实环境下的动态表现。此过程有助于评估产品性能、识别干涉问题，并据此优化设计。

（4）动画生成 结合装配体与仿真结果，运用高级渲染技术加工成动态演示视频。此阶段需细致考虑视觉元素，如场景布局、光照效果及视角的选择，以制作出既逼真又具有教育意义的三维动画。

三维装配演示动画在工业制造领域有着广泛的应用，包括但不限于以下方面：

1）产品设计与评审：增强设计理解深度，促进方案迭代优化。

2）工艺分析与优化：辅助工程师识别装配瓶颈，推动工艺流程的持续改进。

3）培训教学与技能传承：作为高效的培训媒介，加速技能传递，提升培训成效。

伴随计算机图形学和虚拟现实技术的进步，三维装配演示动画技术将趋向更加成熟与普及，可为工业制造的创新与进步开拓新的视野。尽管三维装配演示动画展现出巨大潜力，但在实践中仍需克服模型精确性、仿真准确性及渲染效率等技术障碍。

5.4.3 三维装配工艺实例

汽车发动机作为车辆的核心组件，设计与装配工艺的精密性直接关乎汽车的整体性能、可靠性及安全标准。本节旨在深入探讨基于模型的三维装配工艺设计方法，通过具体实例解析发动机装配的步骤与关键技术，强调此技术在现代汽车制造领域的重要性及其对未来发展的潜在影响。

（1）模型准备 发动机装配设计前，首要任务是完成高精度三维模型的构建，涉及使用 CAD 软件精确绘制发动机的所有构成部件，包括但不限于气缸体、活塞、曲轴、连杆及气门组件。确保模型的几何尺寸准确，为后续的装配仿真建立模型。

（2）装配设计　装配设计阶段需细致规划各部件间的空间布局与相互作用，设定科学合理的装配约束条件，比如曲轴与气缸体的精确定位、活塞与连杆的动态耦合等。正确的装配逻辑不仅保障了发动机运行时的力学稳定性，也将决定整体系统的可靠性。

（3）运动仿真　运动仿真阶段用于预评估发动机的工作效能与潜在问题。通过模拟真实工况下发动机的起动、运行和燃烧循环，结合外力加载与运动约束条件，揭示部件间可能的干涉情况，并针对性优化设计参数，确保发动机性能。

（4）动画生成　基于运动仿真的数据，制作出高度逼真的三维装配演示动画，涵盖场景配置、光影效果调整以及视角规划，旨在为设计评审、工艺流程讲解及员工培训提供直观且高效的可视化材料。动画不仅提升了沟通效率，也促进技术知识的传播与理解。

5.5　基于模型的轻量化应用技术

在当代工程与设计领域中，"模型轻量化"涉及将复杂的三维模型从其原始的 CAD 格式转化成更为精简的文件格式，将文件体积缩减至原大小的十分之一乃至更小，而在此基础上仍能完好保留模型的关键信息与设计精度，摆脱特定三维软件的限制，以促进模型通过网络的高效传输与访问。

通过轻量化处理，三维模型得以通用的网络浏览器兼容格式呈现，用户无须专业知识即可直观地浏览、审阅乃至添加注释于原始三维设计之上，结合可视化技术，进一步简化了沟通流程，增强协同作业能力。

轻量化应用技术（图 5-11）对加速产品开发周期具有影响，如加速报价流程、缩减产品上市时间、提升终端用户的满意度，促进跨企业之间的无缝协作，使得非技术背景的群体，包括高层管理者、市场营销人员乃至终端消费者，都能轻松接入并利用三维设计信息，从而在各自的职责范围内做出更加精准高效的决策。因此，设计与制造工程师能在产品的初步设计阶段即介入数字化的虚拟原型评估，加速设计验证步骤，确保产品的顺利投产。

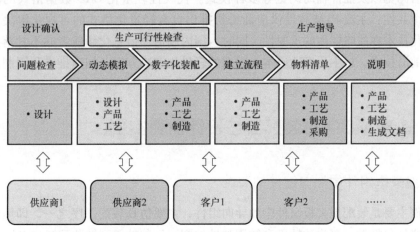

图 5-11　轻量化格式在企业中的应用

轻量化转换技术主要依托两大途径实施：①借助集成于高端 CAD 软件平台的专业插件进行就地转换，这种方式依赖于软件自身的扩展功能来实现文件格式的优化；②利用第三方独立转换软件，这些软件通常由 CAD 解决方案供应商开发，专门用于跨格式的高效转换，无须深入原设计软件环境。

为确保轻量化格式文件的广泛可访问性与便捷查阅，采用适宜的浏览解决方案同样关键。目前，市场上流行的浏览方式主要包括两类：

1）利用三维可视化浏览器技术，允许用户通过专门设计的浏览器应用程序直接打开并互动式地探索转换后的轻量化 CAD 模型，无须下载至本地。

2）通过安装系统级插件，嵌入到用户的操作系统或现有软件中，为本地环境提供即开即用的文件预览能力，进一步简化了查看流程。

模型轻量化技术正经历着飞速的发展与变革，超越了以往基于 STEP、IGES 等传统标准格式的数据交换局限。未来趋势预示着轻量化格式或将趋向于统一，体现为基于现有流行格式的新标准统一，或是少数格式在竞争中胜出，确立为行业基准。在此背景下，模型轻量化的可视化策略正逐步与操作系统深度融合，趋向于无须外挂软件或插件的原生支持模式。

网络环境下的协同设计日益成为先进制造技术的关键方向，特别是在航空制造等大型复杂产品开发领域，集成性、分布性、异构性和协同性要求构建高度协同的工作环境，以应对系统工程的复杂挑战。三维模型作为新一代协同设计的基石，已全面替代二维工程图，成为设计共享的核心载体，对数据协同共享机制提出了更高标准。在此情境下，模型轻量化三维可视化技术不仅是协同工作的关键技术支撑，还需与企业内部的信息管理系统（如 PDM、PLM、ERP）实现深度集成，以 AutoVue、3dXML、JT、PVS 等为代表的技术方案，正展现其在集成性与灵活性方面的优势，推动企业竞争力与效率的双重提升。

信息技术的不断演进促使全球信息科技企业竞相推出创新三维数据处理与可视化技术，在维护模型核心数据完整性的基础上，实现模型文件的高效轻量化及跨软件平台的普遍适用性，以满足多元化的企业信息化需求。市场上的轻量化三维可视化解决方案呈现出多样性特征，依据不同的技术路径，涵盖了特定格式支持、多格式兼容、直接在线浏览、格式转换后浏览以及插件辅助浏览等多种模式。代表性轻量化 CAD 数据格式的国际比较揭示了一个共性：主流 PLM 软件供应商纷纷推出自有轻量化格式的可视化解决方案，凸显了轻量化技术在战略层面的重要性。同时，国内制造业信息化领航者亦不甘落后，积极引入国际前沿技术，自主研发适应本土需求的轻量化解决方案，加速推进我国制造业的信息化进程。

5.6 基于 MBD 的装配工艺设计仿真实例

5.6.1 抱夹板组件中导向组件的装配

本实例主要是装配抱夹板组件中的导向组件，主要仿真装配工序之一，即压装轴承到轴，其组成件包括轴、深沟球轴承和轴用弹性挡圈，压装轴承到轴装配工步卡见表 5-2。

表 5-2　压装轴承到轴装配工步卡

工步号	工步名称	工步内容及要求	工艺装备
1	取件	领取各物料数量×台套数×订单台数	
2	清洗	去除轴毛刺、异物、粉尘；清洗去污	压力机
3	装配	1）在轴①的配合面涂上一层薄润滑油	压装辅具
		2）将轴承②压装入轴①	卡簧钳
		3）将弹性挡圈③装上轴，将轴承②限位	毛刷
		4）检查压装后轴承转动是否正常	
图示	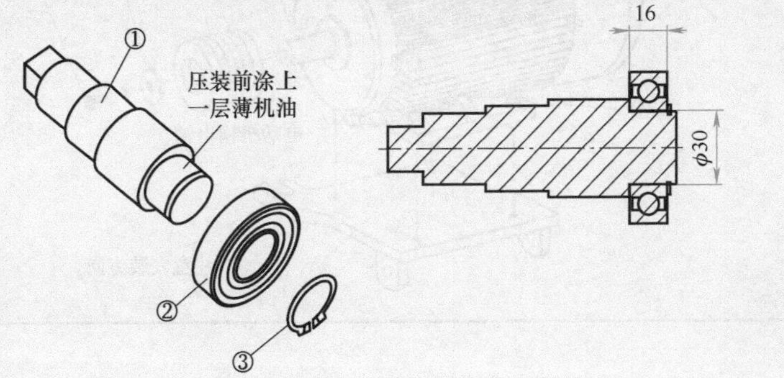		

5.6.2　垛盘仓升降架组件

垛盘仓升降架组件由同步轴、同步齿轮、导轮等组件组成，其装配工艺卡见表 5-3。

表 5-3　垛盘仓升降架装配工艺卡

工序号	工序名称	工序	工艺装备	组数/套
10	安装同步轴	取件→清洗→装配	行吊、清洗槽、轴承安装套筒	1
20	安装同步齿轮	取件→清洗→装配	刮刀、铜棒	
30	安装导轮组件	取件→装配	钩形扳手	1
40	检验	按图样、检验规范项目进行检验、记录		
50	入库	入装配现场仓		

5.7　课后实践：电动机部件装配工序仿真

电动机部件的装配组件包括电动机座 1 个、制动电动机 1 个、螺栓（M10×40-8.8）4 个、弹簧垫圈 5 个、电动机带轮、加大垫圈和螺钉（M10×25-8.8）1 个，其装配工序卡见表 5-4。

表 5-4 装配电动机部件工序卡

工步号	工步名称	工步内容及要求	工艺装备
1	取件	领取各物料数量×台套数×订单台数	
2	装配	1）用 4 组螺栓 M10×40③、弹簧垫圈④将制动电动机②紧固在电动机座①之上，注意安装方向	行吊、梅花扳手
		2）将电动机带轮⑤的键槽与电动机输出轴的键对准后轻轻打入；再用加大垫圈⑥、螺钉⑦M10×25 紧固	铜棒、内六角扳手
图示	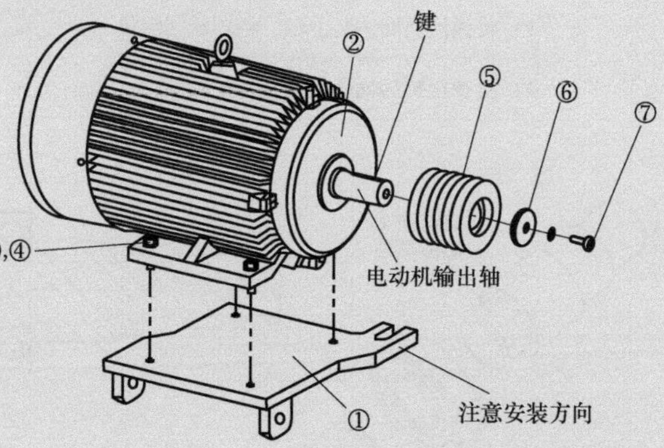 		

[1] 曾芬芳, 杜坤鹏, 王华昌. 基于 MBD 的三维装配工艺规划系统的研究与应用 [J]. 制造技术与机床, 2022 (9): 148-152.

[2] 唐家霖. 基于 MBD 的三维装配工艺建模方法研究 [D]. 沈阳: 东北大学, 2012.

[3] 全国技术产品文件标准化技术委员会. 机械制造工艺基本术语: GB/T 4863—2008 [S]. 北京: 中国标准出版社, 2009.

[4] 全国技术产品文件标准化技术委员会. 计算机辅助工艺设计 系统功能规范: GB/T 28282—2012 [S]. 北京: 中国标准出版社, 2012.

[5] 中国标准化研究院. 机械产品数字化定义的数据内容及其组织: GB/Z 19098—2003 [S]. 北京: 中国标准出版社, 2003.

[6] 全国技术产品文件标准化技术委员会. 技术产品文件 数字化产品定义数据通则: GB/T 24734.1 ~ 24734.11—2009 [S]. 北京: 中国标准出版社, 2010.

[7] LIU L, MO R, WAN N. A MBD procedure model based on machining process knowledge [J]. International Journal of Applied Mathematics and Statistics, 2013, 51 (23): 317-324.

[8] TERZI S, BOURAS A, DUTTA D, et al. Product lifecycle management from its history to its new role [J]. International Journal of Product Lifecycle Management, 2010, 4 (4): 360-389.

[9] DANJOU C, DUIGOU J L, EYNARD B. Closed-loop manufacturing process based on STEPNC [J]. International Journal on Interactive Design and Manufacturing, 2017, 11 (2): 233-245.

[10] 全国技术产品文件标准化技术委员会. 机械产品三维建模通用规则: GB/T 26099.1 ~ 26099.4—2010 [S]. 北京: 中国标准出版社, 2011.

[11] 全国技术产品文件标准化技术委员会. 机械产品数字样机通用要求: GB/T 26100—2010 [S]. 北京: 中国标准出版社, 2011.

[12] 连湘. 基于模型的三维图样构建规范关键技术研究 [D]. 石家庄: 河北科技大学, 2023.

[13] 田莹莹. 基于 MBD 的三维 CAD 模型信息标注研究 [D]. 西安: 西安建筑科技大学, 2016.

[14] 全国产品尺寸和几何技术规范标准化委员会. 产品几何技术规范 (GPS) 技术产品文件中表面结构的表示法: GB/T 131—2006 [S]. 北京: 中国标准出版社, 2007.

[15] CHEN J N, WANG Y, LEI C Y, et al. Reverse solution and parametric design of the conjugate cam weft insertion mechanism based on VB. NET and UG [J]. Journal of Donghua University (English Edition), 2012, 29 (2): 166-170.

[16] 于勇, 周阳, 曹鹏, 等. 基于 MBD 模型的工序模型构建方法 [J]. 浙江大学学报 (工学版), 2018, 52 (6): 1025-1034.

[17] 何康俊. 基于 MBD 的零件工艺模型设计方法研究 [D]. 西安: 西安科技大学, 2020.

[18] 李向南, 丁茹, 郝永平. 基于模型定义技术的工序模型建模方法研究与实现 [J]. 成组技术与生产现代化, 2014, 31 (1): 21-24; 28.

［19］姚鹏鹏. 轴类零件 MBD 工序模型的研究［D］. 太原：中北大学，2018.

［20］CONOVER J S，ZEID I. Development of a Prototype for Transfer of Drawing Annotations Into the ASME Y14. 41 Standard［C］//ASME 2006 International Mechanical Engineering Congress and Exposition，2006：1211-1218.

［21］吴容. 基于 MBD 的数控加工工艺模型及设计系统研究［D］. 南京：南京航空航天大学，2016.

［22］HED E Y，KIM D W，LEE J Y，et al. High speed pocket milling planning by feature-based machining area partitioning［J］. Robotics and Computer-Integrated manufacturing，2011，27（4）：706-713.

［23］张辉，刘华昌，张胜文，等. 复杂零件三维中间工序模型逆向生成技术［J］. 计算机集成制造系统，2015，21（5）：1216-1221.

［24］傅盛荣，肖尧先，彭晨. 基于 UG 汽车三维标准件库的开发［J］. 机械工程师，2011（11）：37-39.

［25］唐键钧，贾晓良，田锡天，等. 面向 MBD 的数控加工工艺三维工序模型技术研究［J］. 航空制造技术，2012（16）：62-66.

［26］刘志军，柳万珠，吴晓锋. 基于 UG 数控加工的 MBD 工序模型建模方法研究［J］. 机械设计与制造，2013（6）：165-167.

［27］张辉，刘华昌，张胜文，等. 复杂零件三维中间工序模型逆向生成技术［J］. 计算机集成制造系统，2015，21（5）：1216-1221.

［28］刘金锋，倪中华，刘晓军，等. 三维机加工工艺工序间模型快速创建方法［J］. 计算机集成制造系统，2014，20（7）：1546-1552.

［29］万能，苟园捷，莫蓉. 机械加工 MBD 毛坯模型的特征识别设计方法［J］. 计算机辅助设计与图形学学报，2012，24（8）：1099-1107.

［30］赵鸣，王细洋. 基于体分解的 MBD 工序模型快速生成方法［J］. 计算机集成制造系统，2014，20（8）：1843-1850.

［31］周秋忠，郭具涛，徐万洪. 工序 MBD 模型的参数化驱动生成方法［J］. 组合机床与自动化加工技术，2017（12）：129-132.

［32］周秋忠，范玉青. MBD 数字化设计制造技术［M］. 北京：化学工业出版社，2019.

［33］张信淋，许马会. 基于 MBD 的全三维快速建模技术［J］. 航空电子技术，2015，46（4）：18-23.

［34］张杨，刘晓军，倪中华，等. 三维装配工艺结构树与装配工艺流程映射方法［J］. 制造业自动化，2015，37（2）：127-131；141.

［35］SELVARAJ P，RADHAKRISHNAN P，ADITHAN M. An integrated approach to design for manufacturing and assembly based on reduction of product development time and cost［J］. The International Journal of Advanced Manufacturing Technology，2009，42（1-2）：13-29.

［36］刘继红，侯永柱. 基于混合属性邻接图的 MBD 模型参数化方法［J］. 计算机辅助设计与图形学学报，2018，30（7）：1329-1334.

［37］其木格，李宗学. 基于 UG 二次参数化建模的机械模具制造工艺研究［J］. 内燃机与配件，2018（23）：100-102.

［38］鲁海斌，刘晓红. UG 软件的二次开发研究与应用［J］. 电子技术与软件工程，2019（3）：33.

［39］张宝珠，王冬生，纪海明. 典型精密零件机械加工工艺分析及实例［M］. 2 版. 北京：机械工业出版社，2017.